쉽고 유익한 감성 과학 카툰

아날로그 사이언스

만화로 읽는 양자역학

쉽고 유익한 감성 과학 카툰

아날로그 사이언스

만화로 읽는 양자역학

윤진 글 · 이솔 그림 · 최준곤 감수

해나무

차례

프롤로그 · 6

1부
이상한 양자 세계

1화 알파-베타-감마 · 12
2화 원자를 들여다보다 · 24
3화 원자 모형 · 36
4화 모든 곳에 존재하는 전자 · 48
5화 이중슬릿 실험 1 · 62
6화 이중슬릿 실험 2 · 76
7화 본다는 건 뭘까? · 90
8화 문제는 자연이 아니라 인간 · 100

2부
불확정성 원리

9화 슈뢰딩거 · 116
10화 슈뢰딩거의 고양이 · 128
11화 세상에서 가장 작은 축구공 · 140
12화 우주 만물이 관찰할 때 · 154
13화 하이젠베르크 · 164
14화 보어와의 만남 · 176
15화 꽃가루 알레르기 · 190
16화 베타 원리 · 202
17화 파울리 효과 · 218
18화 두 눈을 뜨면 · 230
19화 불확정성 원리 · 240

3부
보어와 아인슈타인

20화 솔베이 회의 · 254
21화 신에게 명령하지 말게나 · 266
22화 2차 방어전 · 278
23화 광자 상자 · 290
24화 EPR 역설 · 302
25화 스핀 · 312
26화 유령 작용 · 322
27화 문제없음 · 336

4부
양자역학과 해석들

28화 존 스튜어트 벨 · 350
29화 결정론 vs. 비결정론 · 362
30화 베르틀만의 양말 · 378
31화 혹등고래와 호사도요 · 392
32화 알랭 아스페 · 406
33화 우주란 무엇인가:
실체가 없거나 비국소적이거나 · 418

에필로그
434

프롤로그

지금까지 우리가 알아낸
세상을 이해하기 위해

양자역학을 맛보기라도,
조금은 알아봐야 하지 않을까 하는
그런 터무니없는 생각?

아무튼 그러니까

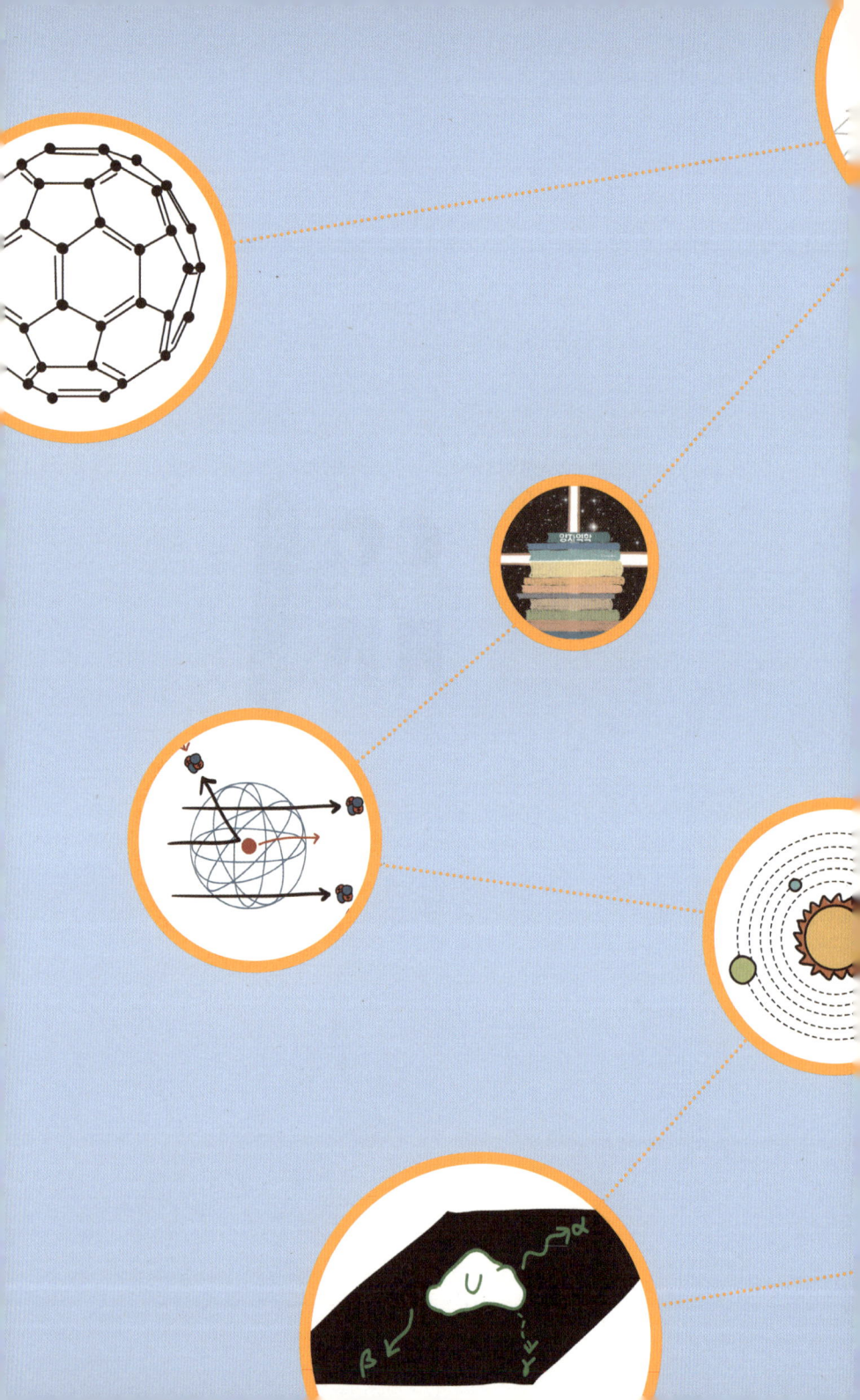

1부
이상한 양자 세계

1화
알파-베타-감마

뉴질랜드 사우스아일랜드
넬슨시 근처의 한 도시

그곳에는 한 소년의 동상이 세워져 있다.

"뭔가 B급스러운" 느낌의 동상이다

어니스트 러더퍼드
Ernest Rutherford
(1871~1937)
뉴질랜드에서 태어난 영국의 핵물리학자.
핵물리학의 아버지.

그는 아버지 '제임스 러더퍼드'와
어머니 '마사' 사이에서 태어났다.

아버지는 농사를
비롯해 온갖 일을 했고,

어머니는
학교 선생님이었다.

러더퍼드는 영국에서 주는
장학금(국제 박람회 장학금)을 받아
영국 케임브리지 대학교
캐번디시 연구소로 간다.

원래 장학생으로 선발된 사람은
러더퍼드가 아니라 다른 사람이었다.
그런데 그 사람이 결혼 등의 사정으로 그 자리를 포기했고
러더퍼드에게 차례가 돌아왔다.

윌리엄 캐번디시(William Cavendish)가
기부한 6300파운드로 1874년에 설립된 연구소다.

노벨상 수상자만 무려(!) 29명을 배출했다.

레일리의 아르곤 발견,
톰슨의 전자 발견,
크릭&왓슨의 DNA 이중나선 구조 발견 등등

그해 뢴트겐이 X-선을 발견했고

"뭔지 모르겠지만 하여튼 무언가 있다! 일단 X-선이라 하자…."

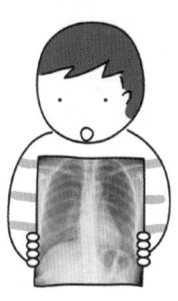

"X-선은 지금 엑스레이 검사, CT 검사 등 여러 분야에서 이용돼."

이듬해에는 베크렐이 우라늄에서
나오는 방사선을 발견했다.

러더퍼드도 방사선 연구에 뛰어들었다.

그는 우라늄에서
나오는 방사선을 연구해
방사선이 하나가 아니라는
사실을 알아냈다.

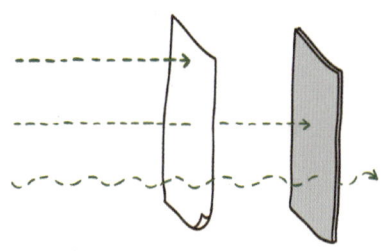

종이 한 장으로 막히는 선이 있고,
종이를 투과하는 선이 있다.
또 알루미늄 같은 얇은 금속판에 막히는 선이 있고,
알루미늄을 투과하는 선도 있다.

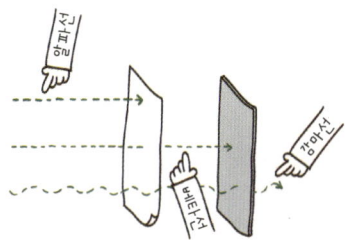

그는 여기에 각각 알파선, 베타선,
감마선이라는 이름을 붙였다.

러더퍼드는 알파선의 성질을 확인하기 위해
자기장 속을 통과시켰다.

패러데이와 맥스웰에 따르면
전기를 띤 입자는 자기장 속에서 휜다.

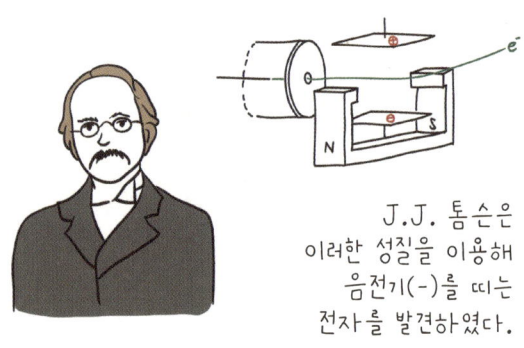

J.J. 톰슨은
이러한 성질을 이용해
음전기(-)를 띠는
전자를 발견하였다.

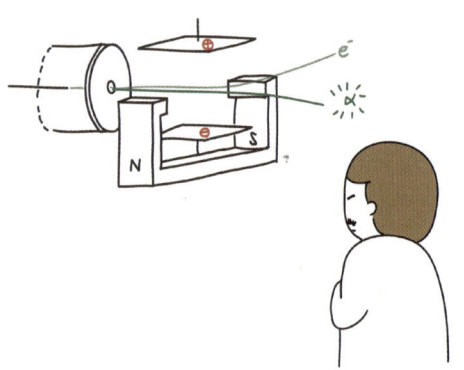

알파선은 전자와 반대 방향으로 휘었다.
양전기(+)였다. 그리고 전자만큼 휘지 않았다.
전자보다 무거운 입자였다.

전하량을 측정한 결과,
알파 입자는 전자의 2배였다.

러더퍼드는 알파 입자를 이용해
또 다른 실험을 생각해낸다.
그 실험은 당시 사람들이 생각하던 원자 모형을
뒤흔드는 실험이었다.

1화 끝

2화
원자를 들여다보다

게다가 그의 외모는 학자처럼 보이지 않아, <뉴욕 타임스> 리포터는 그를 오스트레일리아 농부로 생각하기도 했다.

그는 직관적인 사람이었다.
실험에 능했고 실험을 통해
많은 것들을 밝혀냈다.

그는 물리학 이외의 과학은
'우표 수집'이라며 무시하곤 했다.

재미난 건 그가 받은 노벨상이
'물리학상'이 아니라 '화학상'이었다는 사실이다.

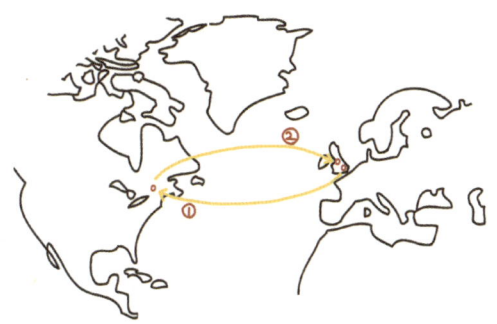

그는 1898년 캐번디시 연구소를 떠나
캐나다 몬트리올 맥길 대학교(McGill University)에
교수로 부임했다가, 1907년에 맨체스터 대학교로 간다.

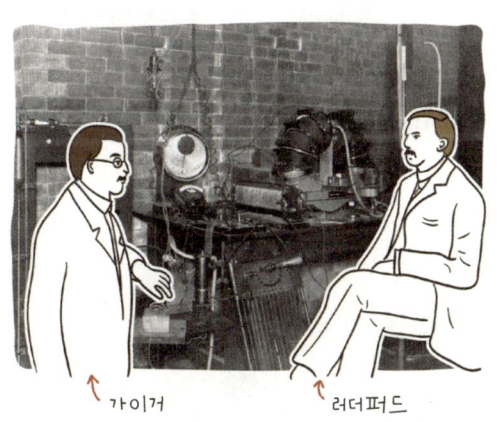

↑ 가이거   ↑ 러더퍼드

맨체스터 대학교는 실험실도 좋았지만
무엇보다 그곳엔 뛰어난 연구자,
한스 가이거(Hans Geiger)가 있었다.

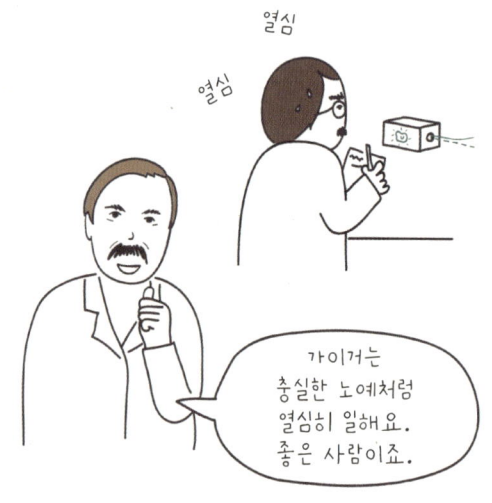

방사성 물질에서는 방사선이 나온다.

그 가운데 알파선은 양전기를 띠는
'알파 입자'의 흐름이다.

러더퍼드와 가이거는 알파 입자가
황산아연으로 코팅된 막(형광판)에
부딪치면 빛이 난다는 사실을 알아냈다.

"이제 우리는 알파 입자가
얼마나 나오는지 어디에 있는지
알 수 있어요!"

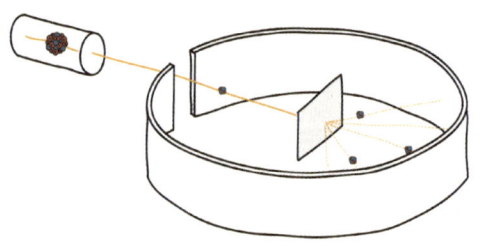

러더퍼드는 알파 입자를 백금 막에
쏜 다음, 알파 입자가 어디로 가는지 확인했다.

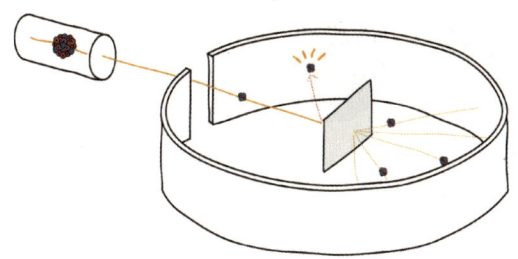

그런데 몇 개의 알파 입자가 크게 산란했다. 백금 막에 부딪힌 다음, 90도보다 큰 각도로 튀어나갔다.

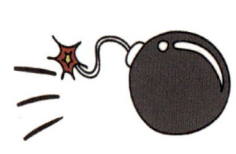 

"이것은 내 삶에서 가장 믿을 수 없는 사건이었다. 마치 직경 40센티미터 포탄이 휴지 한 장에 막혀 되돌아온 것 같은 일이었기에 도저히 믿을 수 없었다."

1911년 그는 실험을 바탕으로,
원자 내부가 대부분 텅 비어 있고
양전하를 띤 무거운 덩어리가
가운데에 있는 원자 모형을 만들었다.

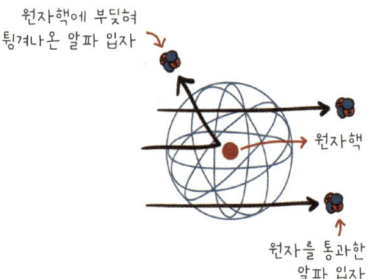

2화 끝

3화
원자 모형

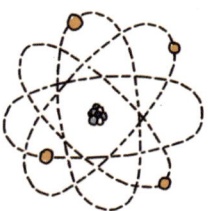

원자란 무엇일까?

처음엔 원자라는 게 있는지 몰랐고

원자가 밝혀진 다음엔
딱딱한 무언가일 것이라 생각했다.

톰슨의 음극선 실험!

1897년 J.J. 톰슨이 원자 속에
전자가 있다는 사실을 알아낸 다음엔

건포도 빵과 같은 모습을 상상했다.

양전기를 띠는 빨간 수박 과육 속에
음전기를 띠는 전자가 씨처럼
박혀 있을 것이라 생각했다.

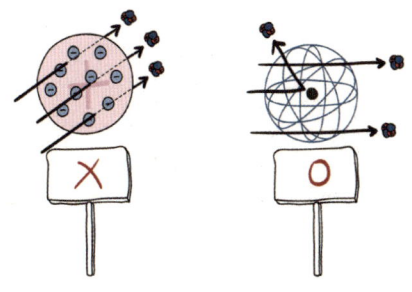

그런데 러더퍼드는 양전기가
퍼져 있는 게 아니라
아주 작은 한 곳에
뭉쳐 있다는 걸 실험으로 입증했다.

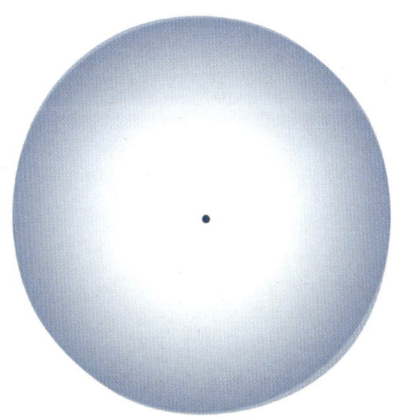

텅 비어 있는 원자

토성 모형

사실 이 모형은
일본의 물리학자인
나가오카 한타로가
1903년에
제안했지만

근거가 없다는
비판을 받았다.

이 모형대로라면
전자는 점점 에너지를 잃고

결국 양성자에게로 떨어져야 한다.
잃은 에너지는 빛으로 방출되어야 한다.

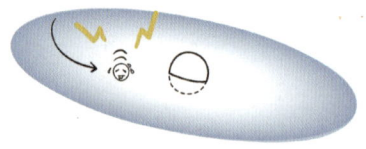

러더퍼드의 모형 역시
똑같은 문제를 안고 있지만

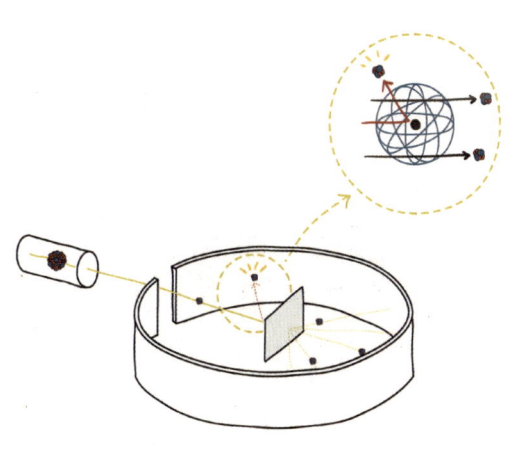

그의 실험은
원자가 텅 비어 있다고
말하고 있었다.

러더퍼드의 원자 모형은
처음에는 크게
주목받지 못했지만

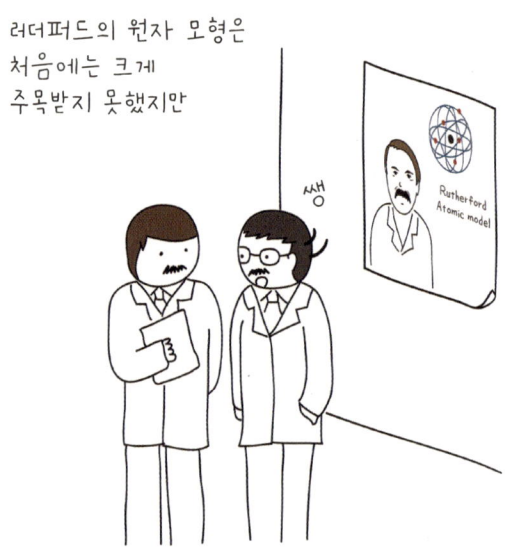

닐스 보어가
이 모형을 이용해

전자의 궤도를 만들어
원자의 스펙트럼을
설명하면서 대표적인
원자 모형이 된다.

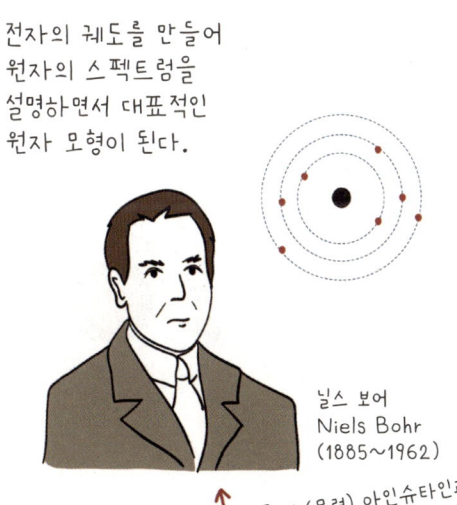

닐스 보어
Niels Bohr
(1885~1962)

↑ 나중에 (무려) 아인슈타인과
맞짱 떠서 이기는 과학자

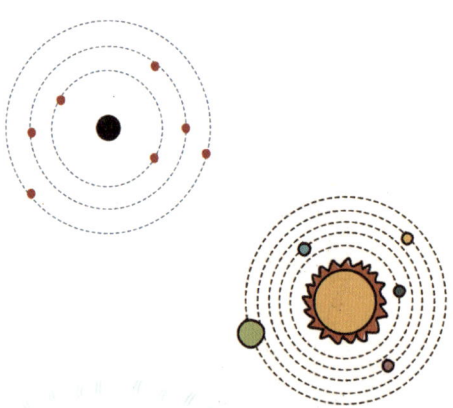

원자 하나가 마치
태양계처럼 보여.

그런데 이들 대표적인 모형은
이해를 돕기 위해 지금도 사용하는 것일 뿐
원자의 모습은 이와는 전혀 다르다.

전자가 행성처럼 궤도를 도는 모습이 아니라
선풍기 날개처럼 모든 곳을 빈틈 없이
채우고 있는 모습이다.

더 놀라운 사실은
전자들이 실제로
이 모든 곳에
있다는 점이다.

3화 끝

4화
모든 곳에 존재하는 전자

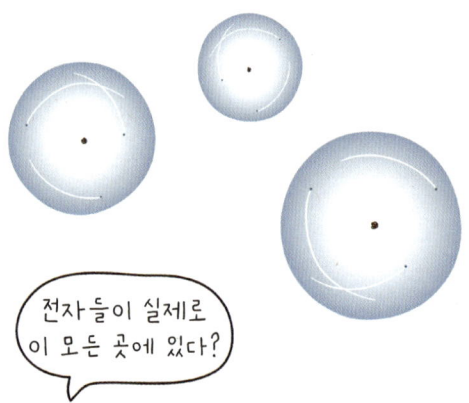

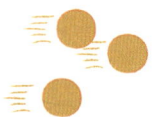

먼저 입자와 파동이 어떻게 다른지 알고 있어야 해.

 입자는 물질을 의미한다.

물질을 아주 작게 쪼갠
원자도 입자이고,
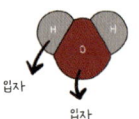

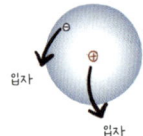 원자 안에 있는 전자나
양성자, 중성자도 입자다.

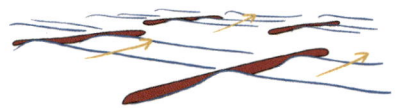

(파력 발전소)

파동은 입자와 다르다.
파동은 입자가 아니라
운동이나 에너지가 전달되는 현상이다.

 입자는 그 자체가
움직이지만,

파동은 에너지를
전달해 움직임을
만든다.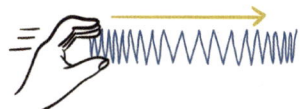

호수에 돌멩이를 던지면,
돌멩이가 떨어진 곳을 중심으로 동심원 물결이 만들어진다.

물방울들이 이동하는 게 아니라
에너지가 옆에 있는 물방울들로 전달되며
움직임이 나타나는 것이다.

 응?

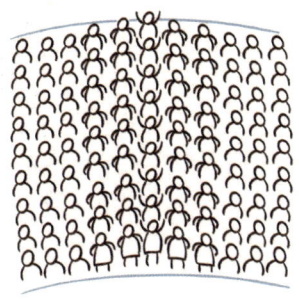

야구장에서 파도타기 응원을 보면
울결치듯 사람들이 움직이는 것 같지만,

사실 사람들은 다들 제자리에 있고,
잠깐 일어섰다가 앉는 것이다.

물결 역시 물방울이 옆으로 움직이는 게 아니라 위아래로 움직이는데, 에너지가 옆으로 전달된다는 거지?

그렇지!

나무에 긴 끈을 하나 묶어 놓고, 내가 위아래로 흔들면 파동이 만들어져 나무까지 가는 거야.

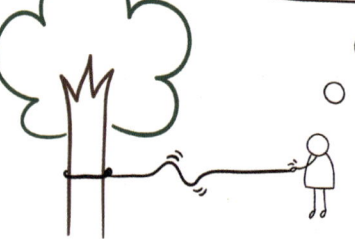

소리도 공기를 진동시켜 퍼져 나가는 파동 현상이다.

이제 파동이 어떤 건지 감이 오지?

이미 아까부터 알았다고.

그럼 이제 입자와 파동이 어떻게
다른 현상을 만들어내는지 살펴보자.

야구 배팅 연습장에 가면
자동으로 야구공이
날라온다.

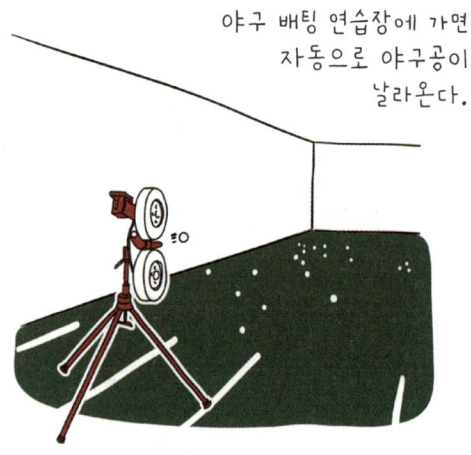

야구공 피칭 머신이다.
이걸 사용해 야구공을 던진다고 하자.

두 개의 벽이 있는데
중간벽에는 세로로
틈을 만들어놓았다.

발사!

틈을 통과한 야구공들이 뒷 벽에 닿는다.
야구공에 페인트가 묻어 있다고 한다면
다음과 같은 모양을 만든다.

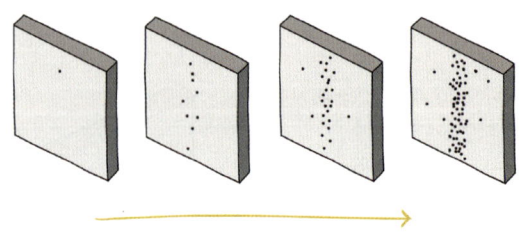

야구공 계속 발사

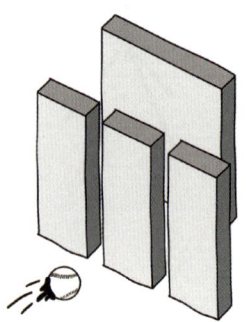

틈이 두 줄이라면
이런 모양.

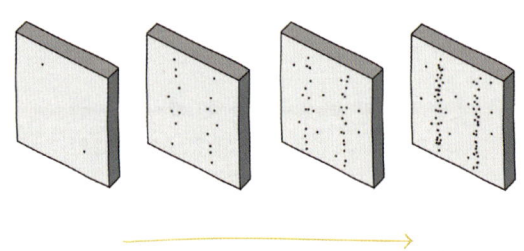

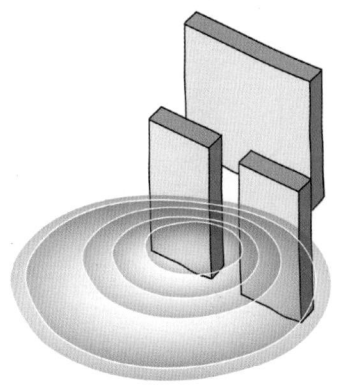

이번에는 파동.

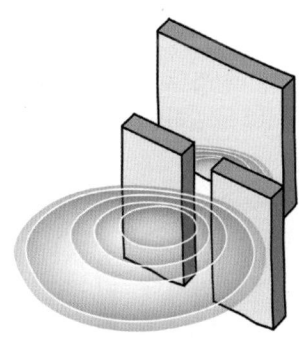

파동은 틈을 통과하면서
새로운 파동을 만든다.

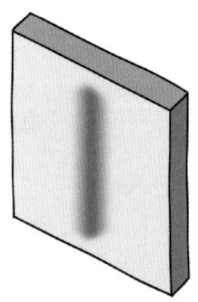

틈이 하나만 있으면 가장 에너지가 센 가운데를 중심으로
옆으로 갈수록 점점 약해진다.
입자의 무늬와 크게 다르지 않다.

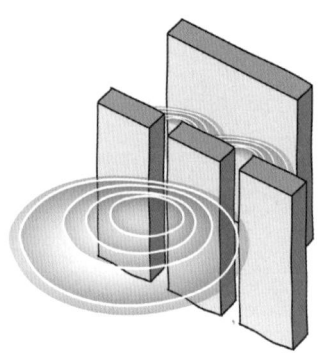

틈이 두 줄이라면 두 틈에서 만들어진
두 개의 파동이 서로 간섭하며 복잡한 무늬를 만든다.

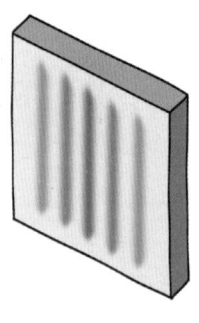

이렇게

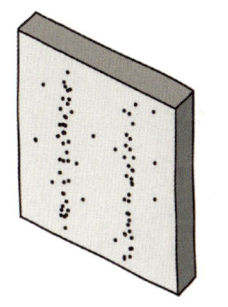 

입자와 파동은 분명
다른 무늬를 보여준다.

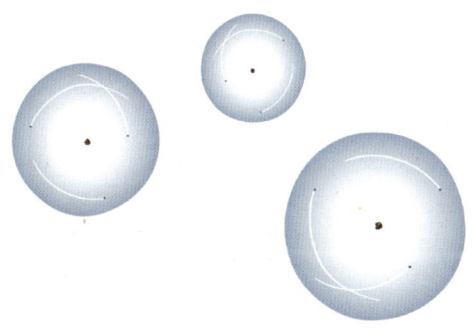

문제는 우리 눈으로 볼 수 없는
아주 작은 세상
양자 세계에서 일어난다.

4화 끝

5화
이중슬릿 실험 1

야구공을
두 틈 사이로
던지면

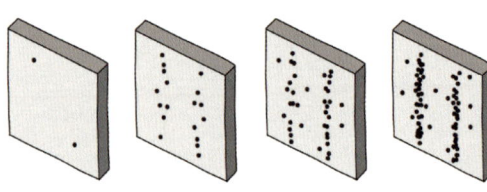

이런 무늬가 만들어진다.

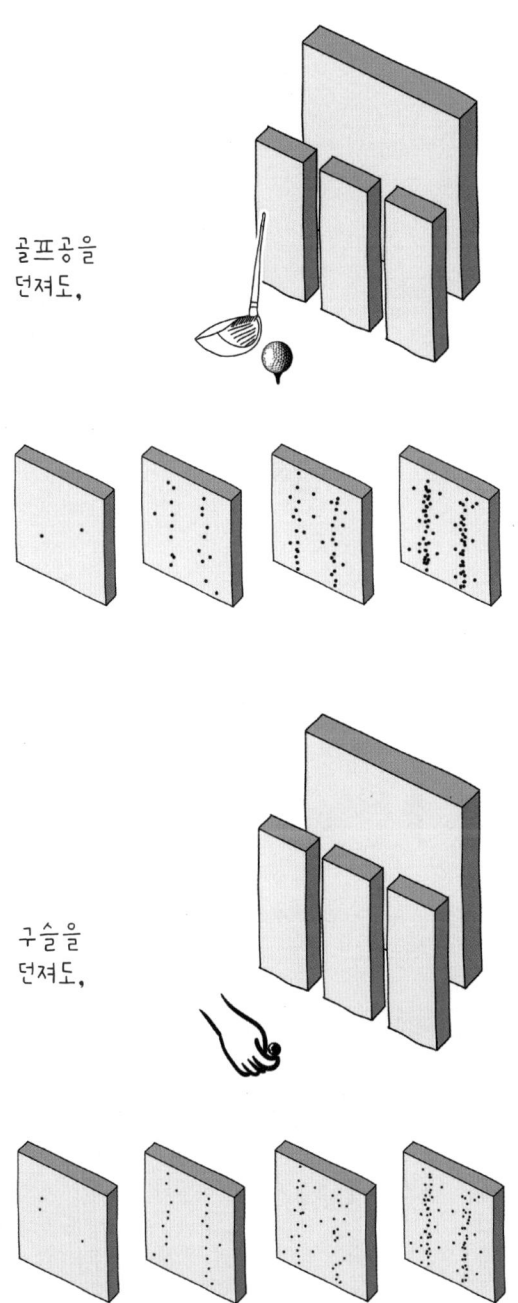

비비탄 총을
쏴도,

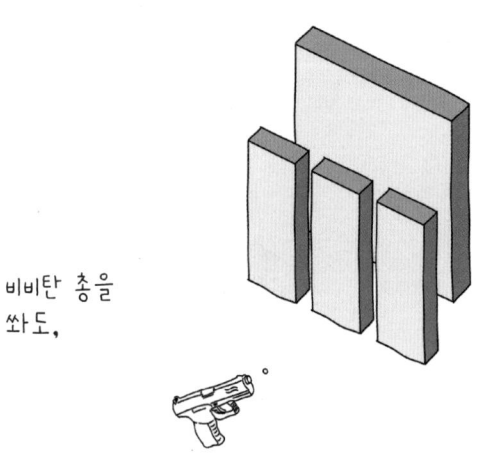

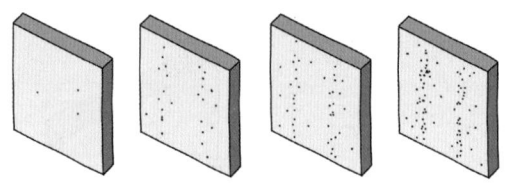

모두 두 줄의 무늬가 만들어진다.

더 작은 물체를 던지면 어떻게 될까?

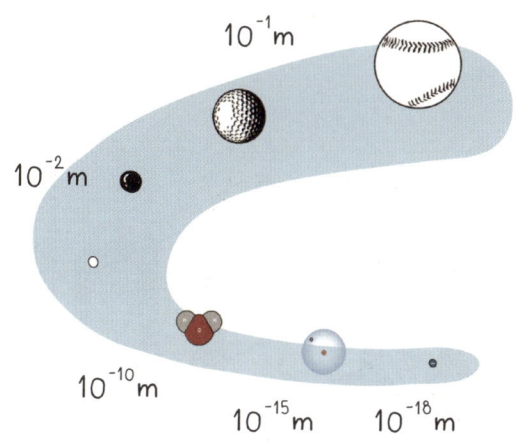

우리 눈에 보이지 않을 정도로 작은
원자나 원자 안에 있는 전자를 던지면?

이름하여,
'이중슬릿 실험'

이 실험은 1801년 토머스 영이 '빛'으로 했던 '이중슬릿 실험'을 전자로 바꾼 버전이다.

"양자역학의 모든 것이 이 실험 속에 들어 있다."

- 리처드 파인만

실험에 필요한 장비

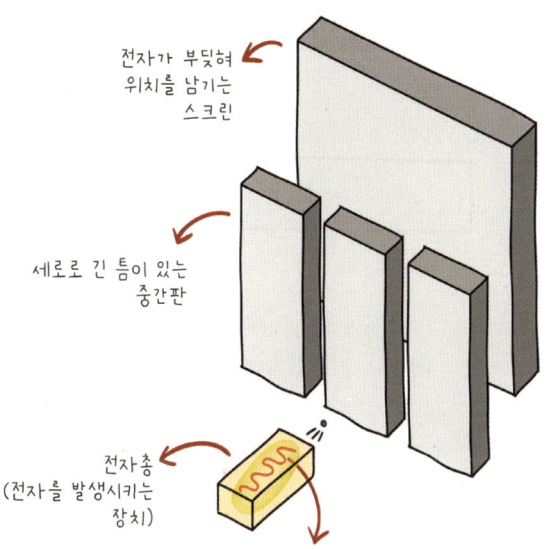

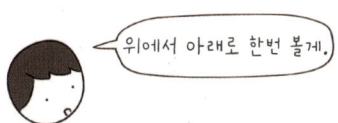

전자가 발사되고
슬릿을 통과해 벽에 닿는다.

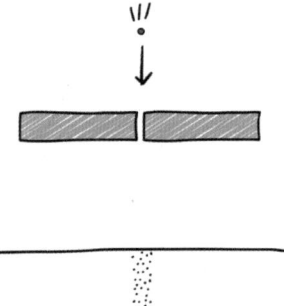

슬릿이 하나면
하나의 줄이 만들어지지만

두 개의 슬릿(이중슬릿)이 있는 판을 통과하면
다음과 같은 무늬가 만들어진다.

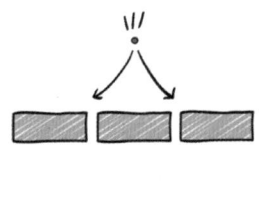

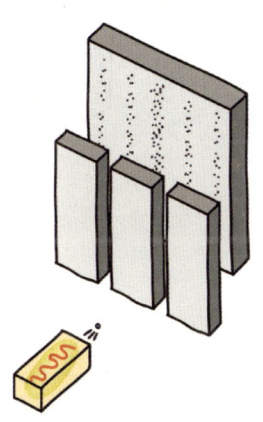

간섭 무늬다.
전자는 입자인데,
파동의 무늬가 그려진다.

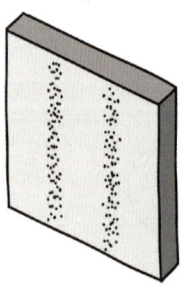

입자는 분명
야구공 실험처럼
두 줄 무늬를
만들어야 하는데,

간섭 무늬가 나왔다.
이상하다.

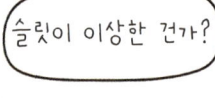

슬릿이 이상한 건가?

오른쪽 슬릿을 막고 전자를 쏜다.

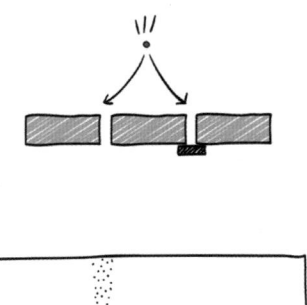

무늬가 한 줄만 생긴다.

이번에는 왼쪽 슬릿을 막고 전자를 쏜다.

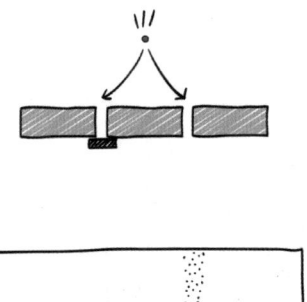

똑같이 한 줄만 무늬가 생긴다.

슬릿 양쪽을 열고
전자를 쏘면
두 줄 무늬가
그려질 것 같지만

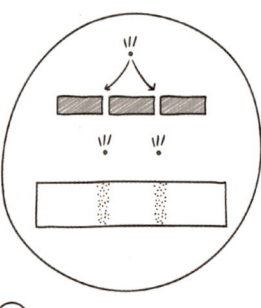

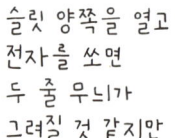

간섭 무늬가 생긴다.

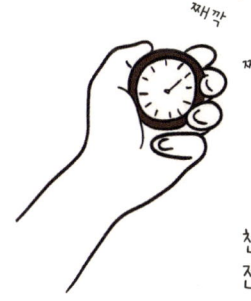

천천히, 10초에 한 개씩, 전자를 쏜다.

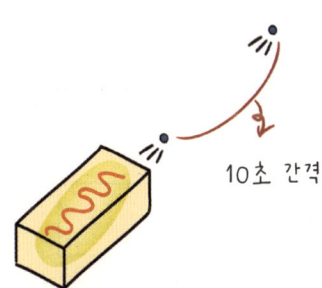

10초 간격

전자가 하나뿐이니 전자끼리 부딪칠 일이 없다.

또 간섭 무늬가 그려진다.

5화 끝

6화
이중슬릿 실험 2

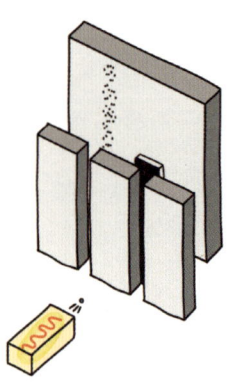

슬릿을 하나씩 열면
전자가 도착하던 곳이었는데,

슬릿 두 개를 열면

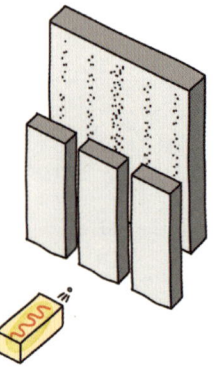

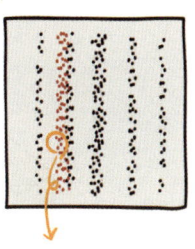

전자가 도착하지 않기도 한다.

전자 둘이 서로
부딪치는 것도 아니고,

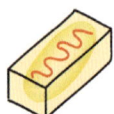

전자 하나가
간섭한다니···.

믿기지 않는 일이 일어난 거야.

어떻게 설명할 수 있을까?

1900년대 초에 코펜하겐에 있던 닐스 보어와 베르너 하이젠베르크는 이를 다음과 같이 설명했다.

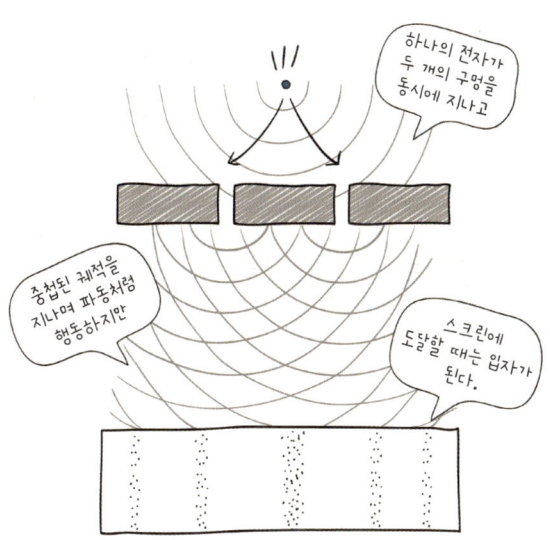

↗ 덴마크의 수도

이 해석을 '코펜하겐 해석'이라 한다.
이들이 있던 도시의 이름을 딴 것이다.

'코펜하겐 해석'말고도
다른 해석들이 많이 있는데

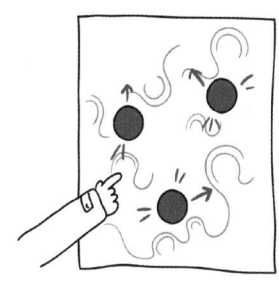

'숨은변수이론'

'다세계 해석'

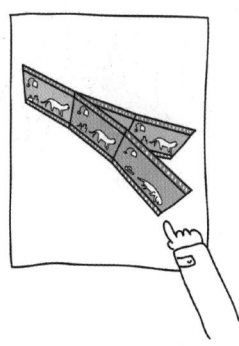

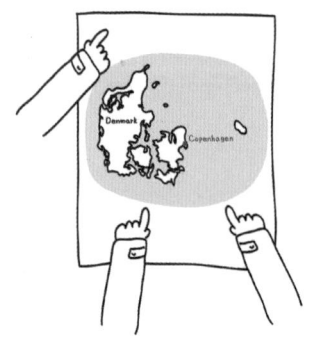

물리학자들한테 가장 많이 받아들여지는 게 '코펜하겐 해석'이다.

양자역학을 끝까지 반대한 아인슈타인은 우리가 알지 못하는 '숨은 변수'가 있다고 주장하긴 했지만… 그 이야기는 나중에 하고….

파인만의 설명을
다시 한번 들어보자.

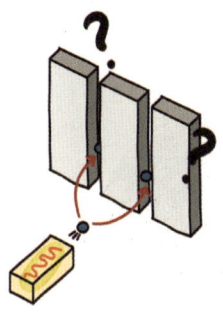

"개개의 전자들은
두 개의 슬릿을
'모두' 통과한다."

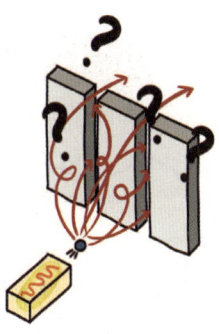

"총에서 발사된 전자는
스크린에 도달할 때까지
'모든 가능한 경로'들을
'동시에' 지나간다."

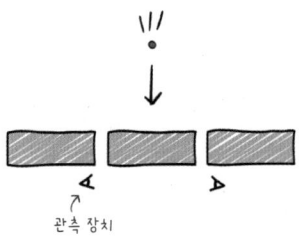

중간판에 관측 장치를 설치하고 전자가
어느 슬릿을 통과하는지 확인한다.

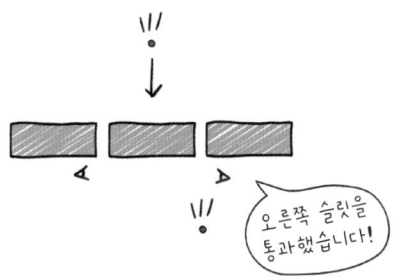

전자를 관측해보니,
전자는 하나의 슬릿만을 통과한다.
전자 하나가 두 개의 슬릿을 동시에
통과하는 일은 벌어지지 않는다.

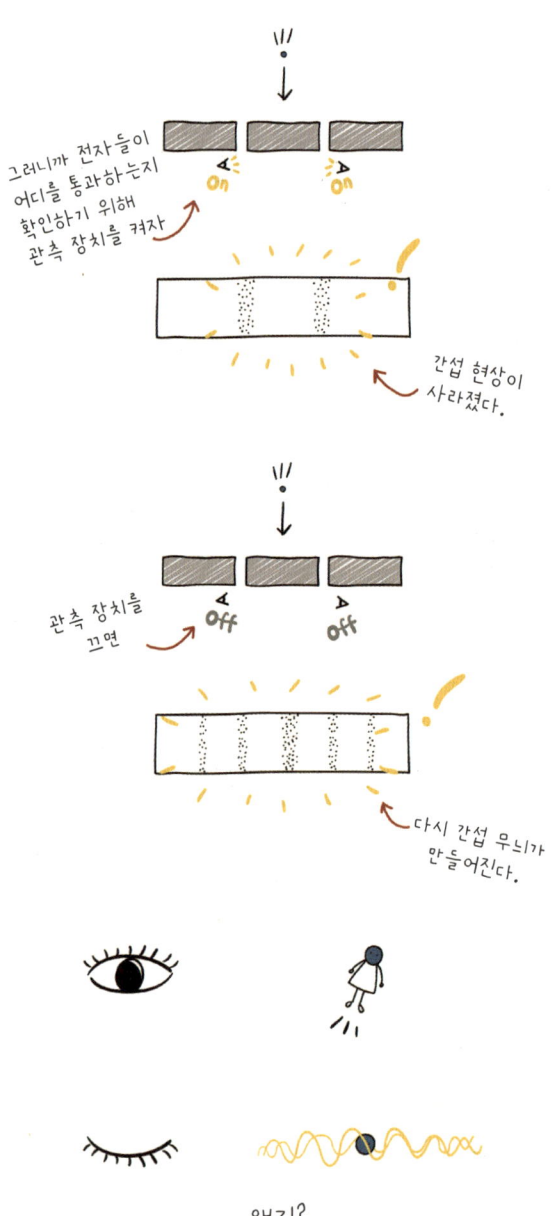

우리가 보는 게 전자에 어떤
영향을 미치는 건 아닐까?

6화 끝

7화
본다는 건 뭘까?

우리가 '본다'는 건 어떤 걸까?

우리가 무언가를 본다는 건
빛이 물체에 부딪친 다음
반사된 빛을 보는 것이다.

"빨간 사과는 다른 색들은 대부분 흡수하고 빨간색에 해당하는 파장을 반사하는 거야."

빛은 '광자'라는 입자들로 되어 있고 이 입자들이 우리 눈에 들어오는 것이다.

전자는 너무 작다.
(무게가 9.1×10^{-31}kg, 약 10^{-30}kg)

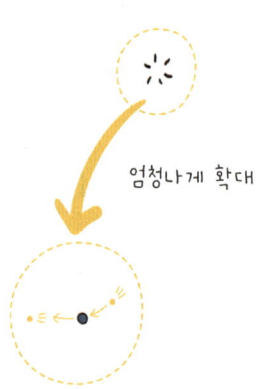

엄청나게 확대

이렇게 작은 전자에 부딪혀
반사되는 광자는 얼마 없기 때문에
우리 눈으로 전자를 볼 수는 없다.

우리 눈으로
볼 수 있는 건
머리카락 두께 정도

0.1mm = 10^{-4}m

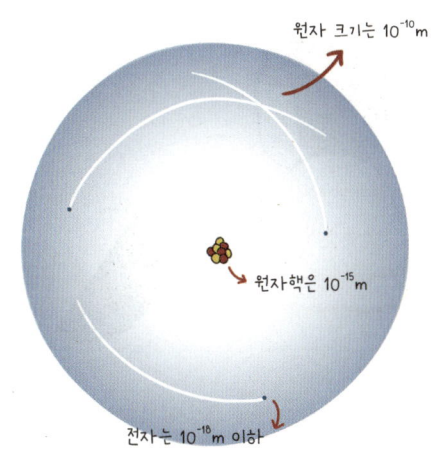

원자 크기는 10^{-10}m

원자핵은 10^{-15}m

전자는 10^{-18}m 이하

대신 우리는 관측 장치를 통해
전자를 확인할 수 있다.

전자라는 입자가 어디에 있는지
관측하기 위해서는 빛으로
전자의 위치를 확인하면 된다.

광자는 너무 작기 때문에,
우리가 눈으로 볼 수 있는 물체들은
빛에 부딪쳐도 거의 영향을 받지 않지만

전자처럼 아주 작은 입자는
운동에 큰 영향을 받는다.

전자를 관측하기 위해 쏜 빛이
전자의 움직임에 영향을 주는 것이다.

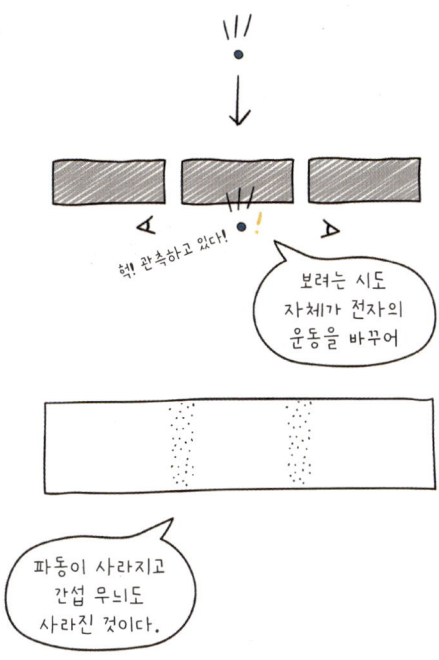

그럼 전자에 영향을 덜 주며
관측하는 방법은 없을까?

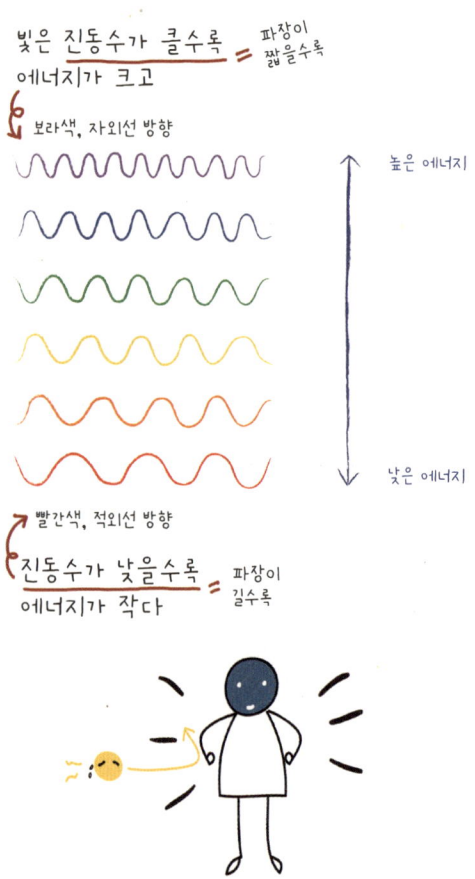

광자가 갖는 에너지를 줄이면
전자의 움직임에 끼치는 영향을 줄일 수 있다.

빛으로 측정할 수 있는 위치의 정확도에는
빛의 파장만큼 오차가 생긴다.

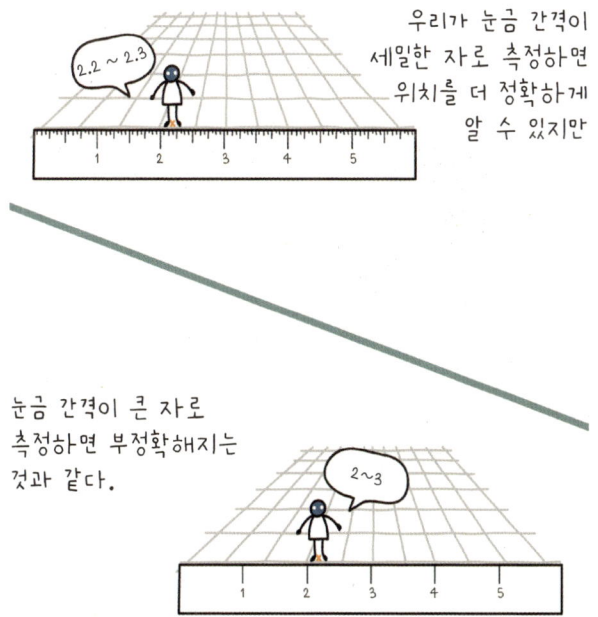

우리가 눈금 간격이
세밀한 자로 측정하면
위치를 더 정확하게
알 수 있지만

눈금 간격이 큰 자로
측정하면 부정확해지는
것과 같다.

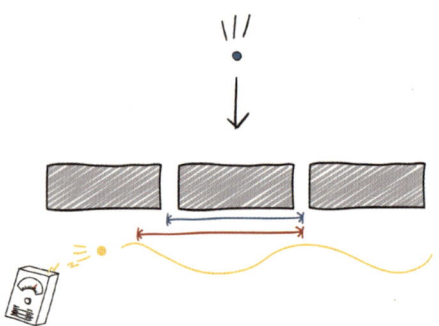

빛의 파장이 두 틈 사이보다 길어지면

우리는 전자가 두 개의 틈 가운데
어디를 통과했는지 알 수 없게 되는데,

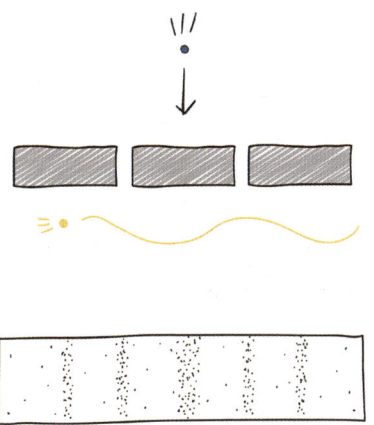

그때서야 간섭 무늬가 나타나기 시작한다.

7화 끝

8화
문제는 자연이 아니라 인간

파장이 길어질수록 = (빛 에너지가 작아질수록)

전자에 미치는 영향이 점점 줄어들고

간섭 무늬는 더욱 또렷해진다.

반대로 파장이 짧아질수록 = (빛 에너지가 높아질수록)

전자의 위치를 보다 정확하게 측정할 수 있지만

전자의 운동에 영향을 많이 주어
간섭 무늬가 사라진다.

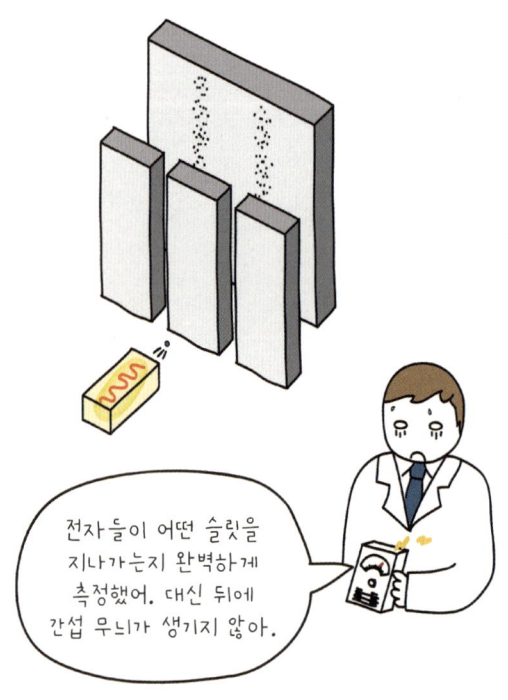

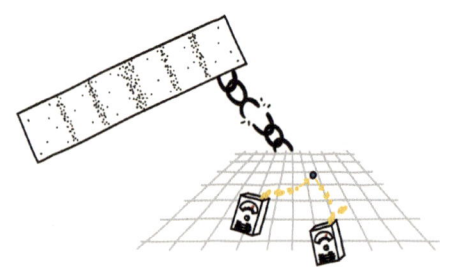

그러나, 간섭 무늬가 나타날 때에는 전자가 어느 슬릿으로 통과했는지 확인할 수 있는 방법은 없다.

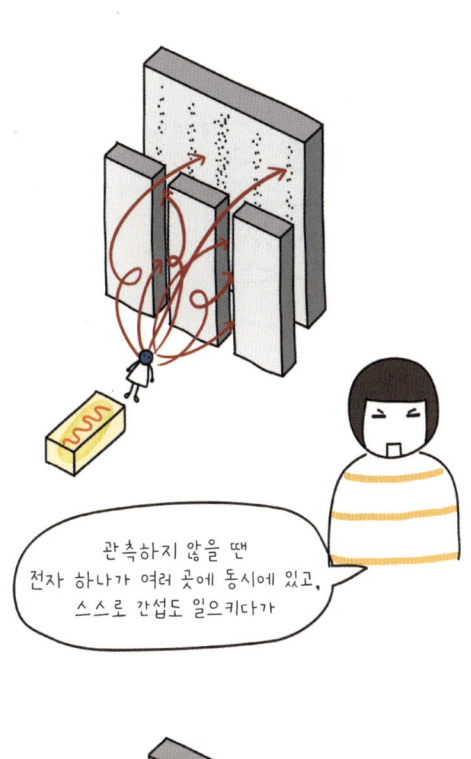

자연에는 문제가 없고,
이상하다고 느끼는 우리에게 문제가 있는 것이다.

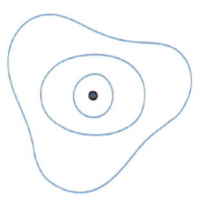

"전자는 입자이면서도 파동의 성질을 띤다."

"관측하지 않을 땐 파동이다가 관측하면 입자가 된다."

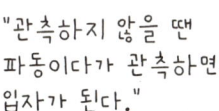

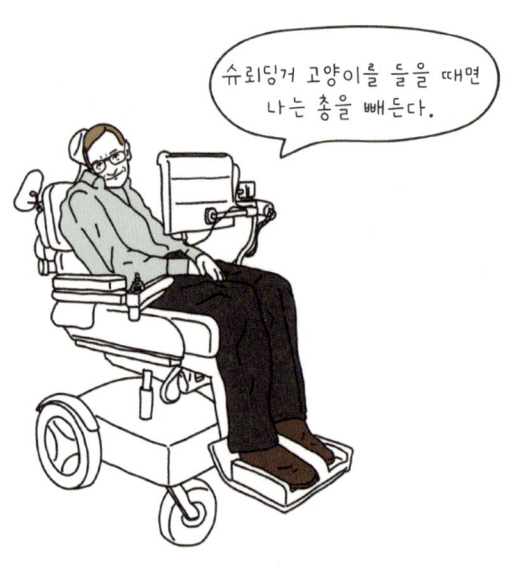

8화 끝

🧪 Scienstagram

 러더퍼드

♥ 좋아요 1297개

러더퍼드 물리학 이외의 자연과학 = 우표 수집
물리학 이외의 자연과학 = 우표 수집

화학자협회 #화학자협회가이글을싫어합니다

아인슈타인 이걸 이렇게 대놓고 말하다니
#좀참지그랬어 #나중에노벨화학상이라도받음어쩔
↳ 러더퍼드 선생님 설마요

노벨위원회 러더퍼드 선생님 축하합니다! 노벨 화학상 수상자로 선정되셨어요.
↳ 러더퍼드 네? 물리학이 아니고요?
↳ 아인슈타인 것 봐.

쏠 저 선생님 이름 고등학교 화학 시간에 나왔는데요
#우표수집분야장인인정
↳ 러더퍼드 헉;;;

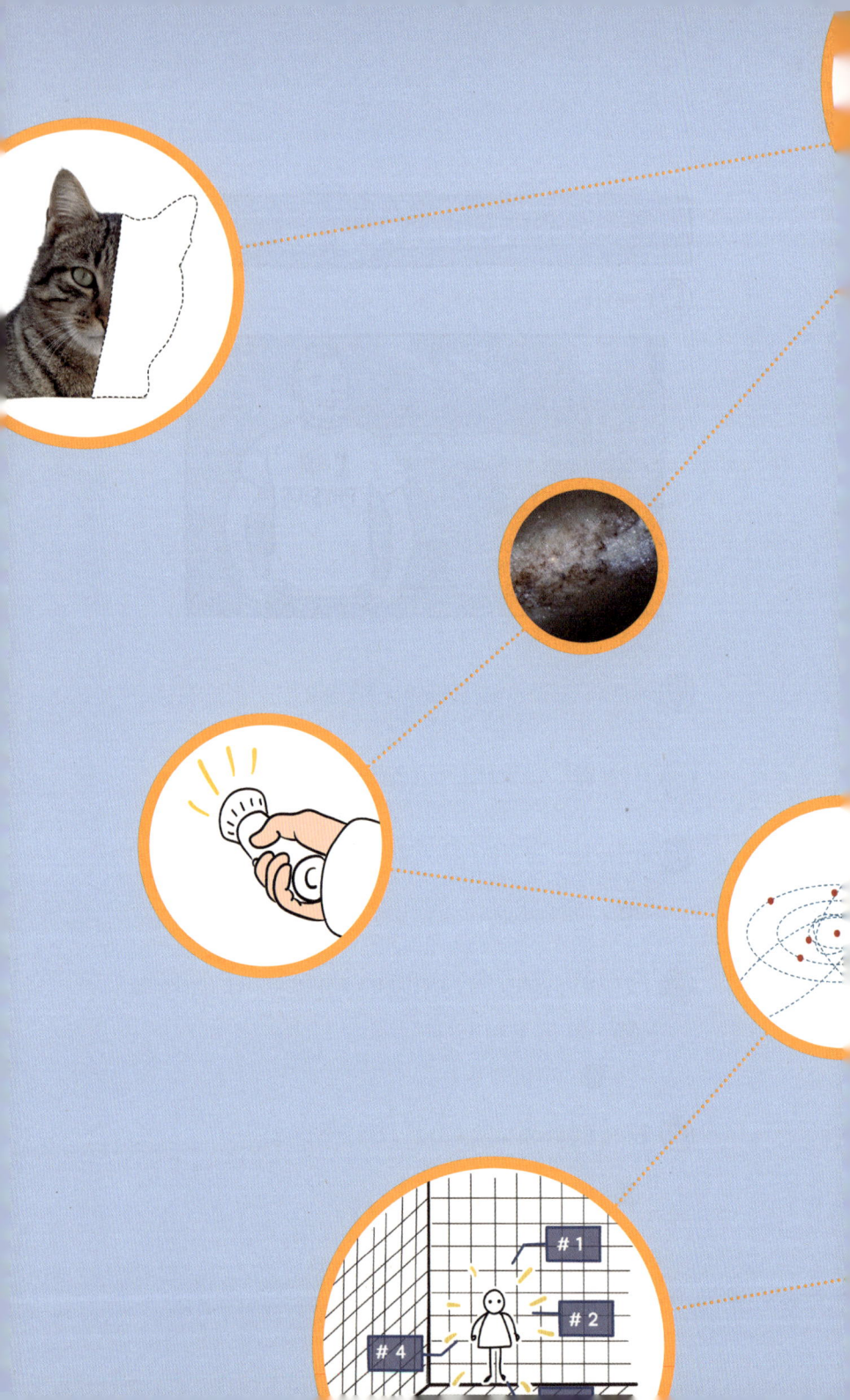

2부
불확정성 원리

9화

슈뢰딩거

슈뢰딩거는 1887년 빈에서 태어났다.
당시 오스트리아-헝가리 제국의 수도

1906년 가을, 빈 대학교 물리학부에 입학해 1910년 물리학 박사학위를 취득했다.

언어 천재

그는 언어에 대한 능력이 뛰어났다.

독일어 외에
영국인이었던 외할머니의 영향으로
영어를 유창하게 했고

프랑스어와 스페인어로도 강의를 했다.

그는 여자 관계가
무척이나
복잡했는데….

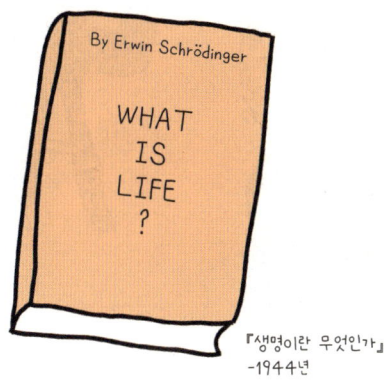

『생명이란 무엇인가』
-1944년

슈뢰딩거는 다양한 분야에
관심을 가졌는데

DNA 이중나선 구조를 밝혀
노벨 생리의학상을 받은
제임스 왓슨과 프랜시스 크릭이
이 책에서 깊은 영향을 받았다고 한다.

에르빈 슈뢰딩거
Erwin Schrödinger
(1887~1961)
오스트리아 물리학자.

그의 업적 중 가장 중요한
업적은 양자역학의
기틀을 세운
슈뢰딩거 파동방정식이었다.

슈뢰딩거 파동방정식은 파동을 통해
양자의 운동을 설명하는 이론이었다.

그런데 파동방정식의 해가 무엇을
의미하는지는 한동안 알지 못하다가

1928년에서야 막스 보른이
'전자가 어떤 위치에 있을 확률'을
뜻한다고 주장했다.

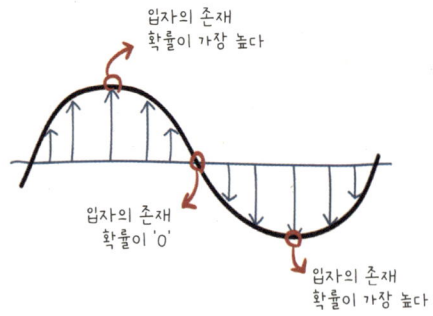

"파동함수의 절댓값의 제곱($|\psi|^2$)은
입자가 특정 위치에 존재할 확률이다."
-막스 보른

막스 보른
Max Born
(1882~1970)
독일에서 태어났으며
양자역학 탄생에
중요한 기여를 한
이론물리학자.

아인슈타인은 확률 해석에 반발했고,
슈뢰딩거도 이를 받아들이지 않았다.

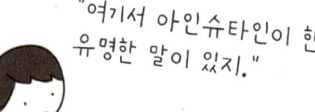

"여기서 아인슈타인이 한 유명한 말이 있지."

신은 주사위 놀음을 하지 않는다.

"천하의 아인슈타인에 찍혀 막스 보른이 노벨 물리학상을 한참 늦게 받았다는 말도 있어."

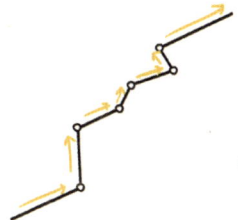

물리법칙으로 미래를 정확하게 예측할 수 있다고 생각했는데,

확률이 들어오면 불완전해지니까.

슈뢰딩거는 자신의
방정식이 확률로
해석되는 걸
바라지 않았다.

그는 보어를 찾아가 말했다.

만일 제가 제안한
파동방정식 때문에 물리학에
확률이 도입된다면 저는
몹시 후회스러울 것입니다.

그러고는 자신의 방정식을 확률로
받아들이는 코펜하겐 해석이
얼마나 비상식적인지 비판하려고
사고실험을 하나 제안했다.

확률로 해석하면 정말
말도 안 되는 실험.

슈뢰딩거의 고양이 실험이다.

9화 끝

10화
슈뢰딩거의 고양이

외부 세계와 완전히 차단된
상자 속에 고양이 한 마리가 있고

'불쌍한 슈뢰딩거의 고양이…'

독가스가 든 병이 하나 놓여 있는데,
다행히 병뚜껑으로 닫혀 있다.

병 옆에는 망치가 있으며,
망치는 가이거 계수기와 연결되어 있다.

계수기 앞에는 우라늄이나 라듐이 놓여 있고,
한 시간 안에 방사능(알파 입자)이 나올 가능성은
50%이다.

 방사능 붕괴가 일어나면

가이거 계수기가
이를 검출하고

 망치가 작동해
병을 내려친다.

그러면 병 안에 든 독가스가
새어나와 고양이가 죽게 된다.

1시간 뒤 상자 속의 고양이는
어떻게 되었을까?

원자핵이 언제 붕괴할지는
확률로밖에 알 수 없다.

코펜하겐 해석대로라면
관측이 일어나기 전까진
모든 상태가 가능하다.

원자핵이 붕괴한 상태와
붕괴하지 않은 상태가 공존하는 것이다.

아직 상자를 열지 않았다면 우리는
고양이의 상태를 어떻게 말할 수 있을까?

50%는 살아 있고, 50%는 죽어 있는 고양이?

그리고 우리가 상자를 여는 순간
관측이 일어나 살아 있거나,
죽은 고양이를 보게 된다?

상자를 열지 않으면
= 관측하지 않으면

고양이는 죽어 있는
'동시에' 살아 있다?

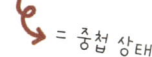

= 중첩 상태

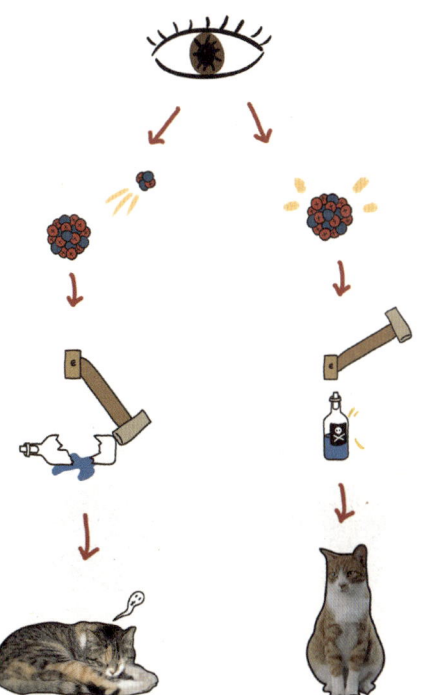

우리가 관측해야 고양이가 죽어 있는 상태나
살아 있는 상태로 결정되는가?

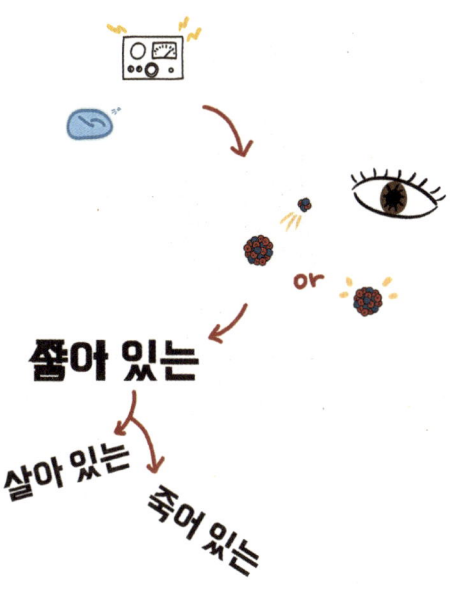

가이거 계수기가 방사능을
검출하는 순간,
관측이 일어나기 때문에
확률 파동이 붕괴한다는 거야.

누가 관측했는가?

여기에서 중요한 게 하나 나오는데 관측의 주체가 누구인가 하는 문제야.

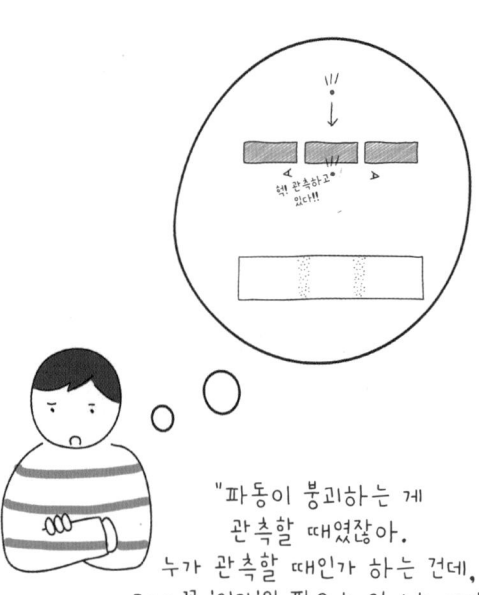

"파동이 붕괴하는 게 관측할 때였잖아. 누가 관측할 때인가 하는 건데, 그게 꼭 '인간'일 필요는 없다는 거야."

10화 끝

11화
세상에서 가장 작은 축구공

C_{60}이라는 분자가 있다.

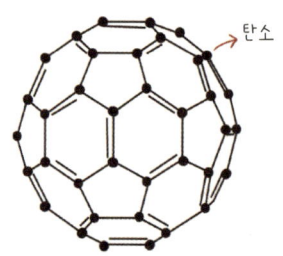

12개의 오각형과 20개의 육각형으로
이루어져 있는데, 오각형 주위를
육각형이 둘러싸고 있다.

어디서 많이 본 모양이지 않은가?

바로 축구공 모양

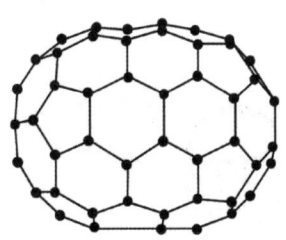

이것말고 럭비공 모양 C_{70}도 있다.

탄소

이렇게 탄소 원자들이 모여 만든
구체를 풀러렌이라 하는데,

축구공 모양인 C_{60}는 1967년
몬트리올 세계박람회에서
벅민스터 풀러가 설계한 돔을 닮아

벅민스터 풀러렌이라고 부른다.
줄여서 버키볼(Bucky + ball)

벅민스터 풀러
Buckminster Fuller
(1895~1983)

건물 이름은 '지오데식 돔(geodesic dome)'

지오데식은 두 점 사이를 잇는 최단선을 의미한다.

1960년대 말부터 이론적으로는 예측되었는데, 실제로 발견된 건 1985년이야.

발견자는 바로 이들

로버트 플로이드 컬 주니어
Robert Floyd Curl Jr.
(1933~   )

리처드 에레트 스몰리
Richard Errett Smalley
(1943~2005)

해럴드 월터 크로토
Harold Walter Kroto
(1939~2016)

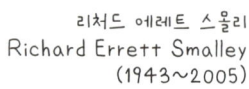

풀러렌 발견으로
1996년 노벨 화학상 수상

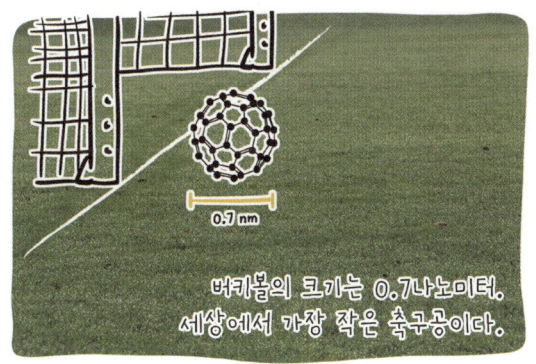

버키볼의 크기는 0.7나노미터,
세상에서 가장 작은 축구공이다.

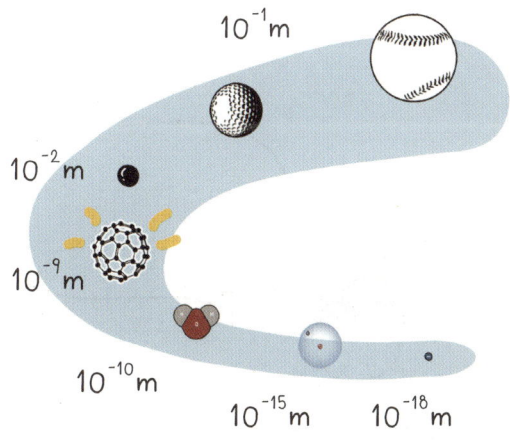

그래도 양자 세계에서는
엄청 큰 공이어서

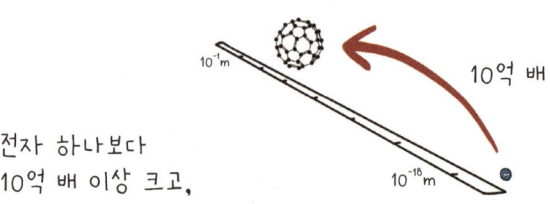

전자 하나보다
10억 배 이상 크고,

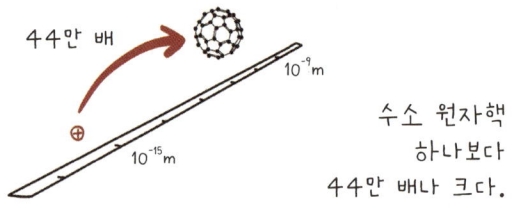

수소 원자핵
하나보다
44만 배나 크다.

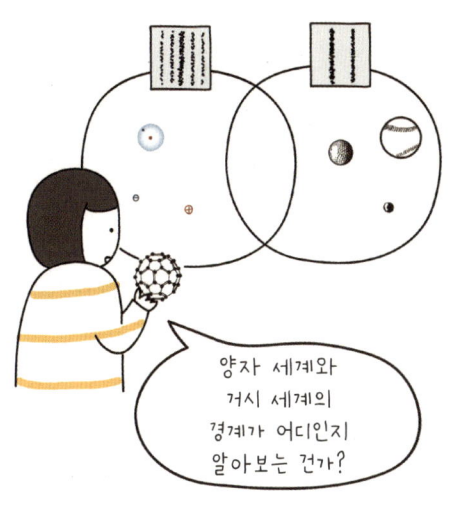

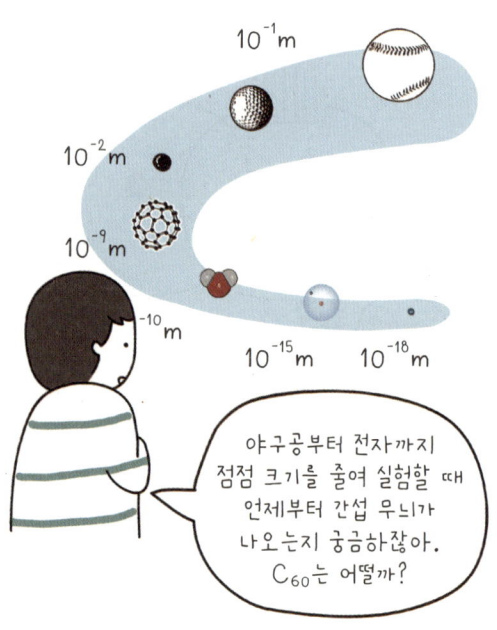

간섭 무늬가 나오지 않는다.
2개의 띠만 나온다.

진공 안에서 실험을 하면
간섭 무늬가 나온다.

이중슬릿 실험에서는 관측을 하면
간섭 무늬가 사라졌다.
전자의 위치를 확인하면
파동이 붕괴하고 입자가 된 것이다.

여기에서는 공기 속에 있는
기체 분자들이 관측 장치가 된다.

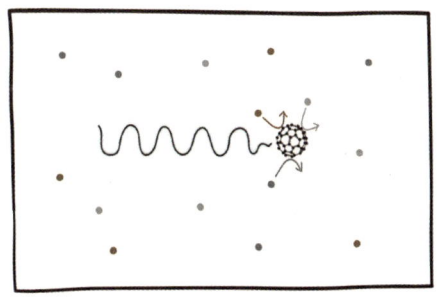

버키볼이 날아가는 동안 공기에 있는
기체 분자들이 부딪치며 위치가 확인되는 것이다.

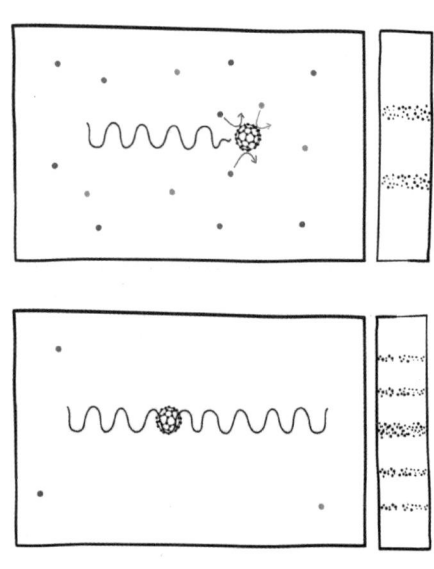

공기 밀도를 옅게 할수록 간섭 무늬가
뚜렷해지는 건 점점 덜 부딪쳐
관측되지 않은 버키볼이 간섭 무늬를
만들어내기 때문이다.

파동이 붕괴하는 건
꼭 '인간'이
관측할 때만이 아니다.

우주 만물이 관측할 때이다.

11화 끝

12화
우주 만물이 관찰할 때

우주 만물이 관측할 때 파동이 붕괴한다.
그 의미는

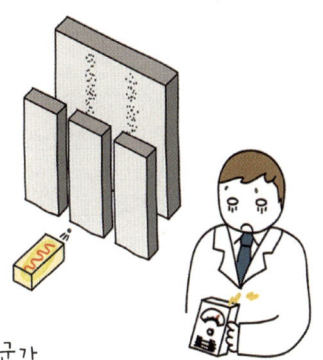

이중슬릿 실험처럼 누군가
관측 장비를 설치해
관측할 때만이 아니라

공기 분자 같은 것들이
전자의 위치를 확인할 때도
전자가 입자 상태로 붕괴된다는 것.

양자 얽힘.
영어로는 quantum entanglement

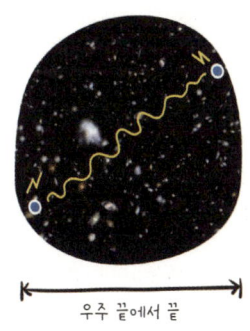

우주 끝에서 끝

두 입자가 서로 얽혀 있으면
아무리 멀리 있어도 하나의 입자를 관찰하면,
나머지 입자도 즉시 반응하는 현상.

이걸 이야기하려면,

Einstein　　Podolsky　　Rosen

> EPR 역설
> 1935년 아인슈타인과 포돌스키, 로젠이 발표한 사고실험

데이비드 봄의
숨은변수이론

데이비드 봄
David Bohm
(1917~1992)

> 숨은변수이론
> 입자의 움직임이 확률이라는 코펜하겐 해석과 달리 입자의 움직임은 미리 결정되어 있으나, 초기 조건을 우리가 모두 알지는 못하므로 입자의 움직임을 알지 못하는 것이라는 이론.

존 스튜어트 벨의
벨 부등식

존 스튜어트 벨
John Stewart Bell
(1928~1990)

벨 부등식
양자역학과 숨은변수이론의 차이를 밝힌 식으로,
실험을 통해 어느 이론이 맞는지
확인할 수 있는 길을 열었다.

양말을 늘 짝짝이로
신고 다니는 물리학자,
라인홀트 베르틀만

라인홀트 베르틀만
Reinhold Bertlemann
(1945~)

베르틀만의 양말
벨은 '벨 부등식'을 설명하기 위해
베르틀만의 양말을 예시로 들었다.

논문 제목이 무려
「베르틀만의 양말과
실체의 특성」
(프랑스 물리학 잡지
〈Journal de Physique〉,
1981)

이런 것들을 설명해야 할 텐데….

도망가면서 도마뱀은 먼저 꼬리를 자르지요
아무렇지도 않게
몸이 몸을 버리지요

잘려나간 꼬리는 얼마간 움직이면서
몸통이 달아날 수 있도록
포식자의 시선을 유인한다 하네요

최선은 그런 것이에요

- 이규리의 시 '특별한 일' 중
  (이규리, 『최선은 그런 것이에요』, 문학동네)

아무튼 얽힘은 다음에 이야기하고

이제 양자역학에서 빼놓을 수 없는
사람을 만날 차례다.

베르너 하이젠베르크
Werner Heisenberg
(1901~1976)
독일의 물리학자.

12화 끝

13화

하이젠베르크

1901년 12월 5일 독일 뷔르츠부르크.

물리학의 새로운
지평을 열게 될
베르너 하이젠베르크가
태어났다.

하이젠베르크가 10대일 때
유럽은 전쟁에 휩싸였다.

제1차 세계대전(WWI)
: 1914년 7월부터 1918년 11월까지 일어난 전쟁

영국, 프랑스, 러시아 연합국과
독일, 오스트리아-헝가리 동맹국이 시작한 전쟁은
유럽 전역으로 불길이 퍼졌고,
900만 명이 넘는 사람들이 죽었다.

독일은 전쟁에서 패했고,
전쟁 이후에도 내전으로 엉망이었다.

독일 사람들은 혼란과
공포 속에서 방황했다.

하이젠베르크는
전쟁이 끝날 무렵 굶주림에서 벗어나기 위해
바이에른에 있는 어느 농가에서 일을 했고

1919년 뮌헨에서
혁명이 일어났을 때에는
대학에 설치된 군 사령부에
있기도 했다.

그는 혼란스러웠던
전후 독일을 회상하며 이렇게 말했다.

깊은 환멸을 가져온 기성세대는
급속하게 지배력을 잃었고,

젊은이들은 서로 모여서 새로운 길을 모색했다.
그들은 어둠 속에서 자기들을 이끌어줄
새로운 별을 찾으려고 했다.

하이젠베르크는
글도 잘 썼네.

고등학교 졸업 시험을 본 뒤
몸이 아팠던 하이젠베르크는
병석에 누워 아인슈타인의
상대성이론에 푹 빠져들었다.

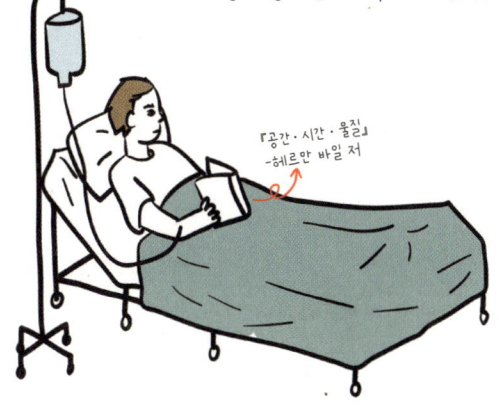

『공간·시간·물질』
-헤르만 바일 저

1920년 뮌헨 대학교에 들어간
그는 조머펠트를 찾아갔다.

아르놀트 조머펠트
Arnold Sommerfeld
(1868~1951)

조머펠트는 보어와 함께
'보어-조머펠트 모형'을 만들어
수소 원자의 스펙트럼 문제를 풀어낸
물리학자였다.

하이젠베르크가 물리학을 선택하자
함께 음악을 하던 친구들이 하이젠베르크에게
왜 음악을 전공하지 않느냐고 물었다.

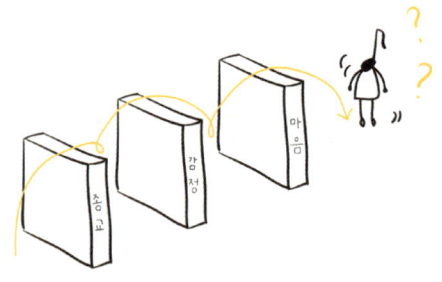

하이젠베르크는 17세기까지
종교에 머물렀던 음악이
18세기에 개인의 감정 세계로 나아가기 시작해
19세기에 인간의 마음 가장 깊은 곳까지 들어간 다음,
더 이상 나아가지 못한다고 생각했어.

반면 자연과학, 특히 물리학은
상황이 다르다고 생각했지.

양자론이 시작되었는데, 뉴턴의 역학으로는
설명이 안 되는 완전 새로운 세상이라고 보았어.
자신이 할 일이 분명히 있을 것이라 생각했지.

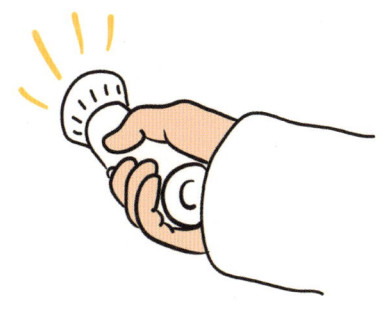

새로운 자연법칙을 찾는 일.

"야망이 엄청나네.."

"조머펠트도 하이젠베르크를
처음 만났을 때 그렇게 말했어."

13화 끝

14화
보어와의 만남

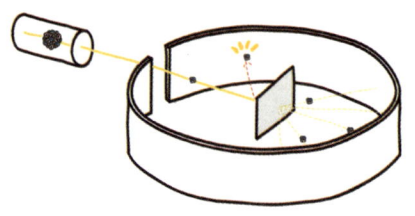

러더퍼드의 실험에 이은

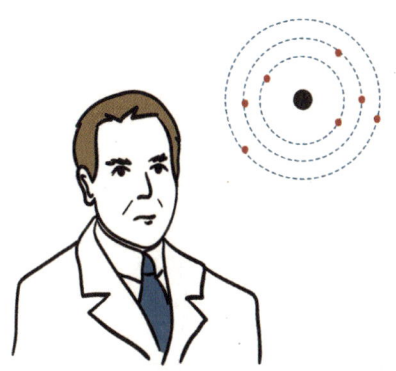

보어의 이론

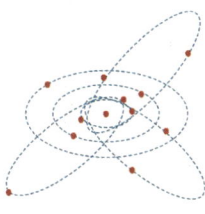

이어 조머펠트가
좀 더 발전시킨
원자 모형이 물리학계의
뜨거운 관심을 받던 때···

1922년, 만 스무 살의
하이젠베르크에게
보어를 만날 기회가 찾아온다.

보어를 위해 개최된
괴팅겐 과학 축제*

* 나중에 보어 페스티벌이라 불림.

하이젠베르크가
이때의 장면을
떠올리길···

강연장은
사람들로 가득 찼고

단 위로 활짝 열린 창문을 통해
괴팅겐의 여름빛이 흘러들어왔다.

보어는 조용하고
부드러운 덴마크
악센트로 말했다.

조머펠트 교수에게
보어의 이론을 배워
알고 있었지만,
보어의 입을 통해
직접 듣자
다르게 들렸다.

보어의 이론은 계산과 증명을 통해서가 아니라
직관과 추측을 통해 얻은 결론이었다.

강연 뒤
하이젠베르크는
질문을 던졌고,

보어는 약간 불안한 모습으로
말을 더듬으며 답변했다.

토론이 끝나고 보어는
하이젠베르크에게 다가가
하인베르크산으로 같이
산책을 가자고 했다.

이 산책은 하이젠베르크의 학문적인 발전에
가장 큰 영향을 끼쳤다.

아니, 하이젠베르크는

학문적 성장이
이 산책과 더불어
비로소 시작되었다고

회상한다.

당시 하이젠베르크는
대학교 2학년 학부생(만 20세),
보어는 만 36세였다.

원자가 행성계를 축소시켜놓은 듯한 모양이라고, 천문학의 법칙을 그대로 적용할 수 있을까요?

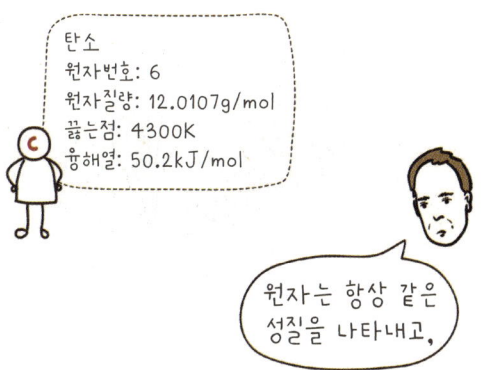

탄소
원자번호: 6
원자질량: 12.0107g/mol
끓는점: 4300K
융해열: 50.2kJ/mol

원자는 항상 같은 성질을 나타내고,

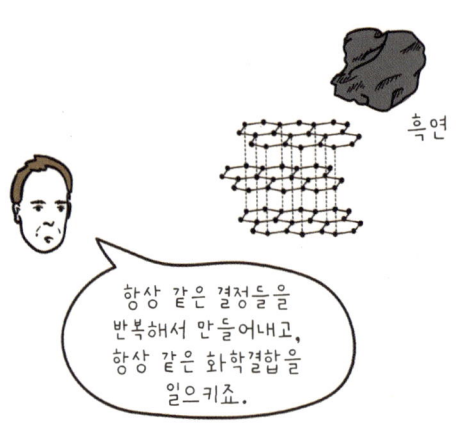

항상 같은 결정들을 반복해서 만들어내고, 항상 같은 화학결합을 일으키죠.

이러한 '물질의 안정성'은 경이로운 일입니다.

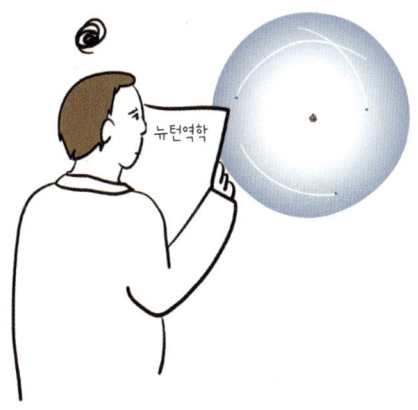

원자 물리학은 우리가 지금까지 알고 있는 개념만으로는 설명하기 어렵습니다. 뉴턴의 물리학은 원자 내부에서는 적용이 되지 않습니다. 고전역학으로는 이해할 수 없는 것이죠.

우리는 물질의 안정성에 대해 새로운 경험들을 쌓아야 합니다.

그렇게 된다면 원자 안에서 일어나는 비직관적인 현상들을 설명할 수 있는 개념들이 만들어지리라 기대할 수 있을 것입니다.

보어 멋지다.

멋지지? 그런 보어에게 하이젠베르크는 물리학에 대해 부끄러울 정도로 아는 게 없다고 고백했대.

15화
꽃가루 알레르기

보어를 만난 이듬해인 1923년 7월,
하이젠베르크는 뮌헨 대학교에서
박사학위를 취득한다.

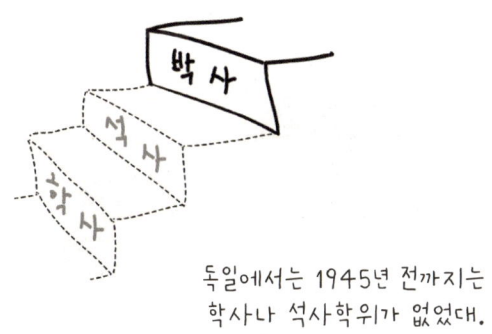

대학에 입학하고 3년이 지나면
박사 논문을 낼 수 있었대.
그래서 20대 초반에 박사가 된
사람들이 많았어.

게다가 양자역학이 시작되는
극적인 장면 하나를 꼽으라면,
하이젠베르크가 행렬역학을
발표한 걸 많이 꼽기 때문에…

이제 시작할 거야.

하이젠베르크는 괴팅겐 대학교로 옮겨
막스 보른의 조수로 일하며
대학 강사가 될 준비를 했다.

1924년 휴가 기간에
코펜하겐에 있는 보어를 찾아가 만나고

함께 셸란 섬 크론보르 성 근처로
도보 여행을 하며
많은 이야기를 나눴다.

크론보르 성 : 셰익스피어 희곡 <햄릿>의 배경으로 알려진 곳

때가 무르익어갔다.
많은 물리학자들이 양자역학을 기대했다.

하이젠베르크는 원자 내부에서 일어나는 일을 '이해하려' 하기보다는 눈에 보이는 증거에 집중했다.

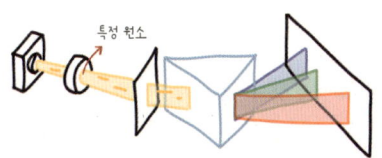

원자의 스펙트럼선에서
방출된 빛의 진동수와
밝기(광도)를
알 수 있으므로

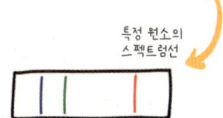

하이젠베르크는
'새로운 역학'은
진동수와 밝기를
예측할 수 있어야 한다고
생각했다.

1925년 6월, 괴팅겐에서
꽃가루 알레르기로 심하게 고생하던 하이젠베르크는

휴가를 내 독일 북쪽 연안에 있는 작은 섬 헬고란트로 갔다.

해… 해골 섬?

해골이 아니라 헬고란트!

얼굴이 하도 심하게 부어 숙소를 안내하던 여직원은 그가 어디서 싸워 얻어맞은 줄 알 정도였다.

하이젠베르크는 매일 산책을 하고
일광욕을 즐기며 연구에 집중했다.

그러던 어느 날, 그는 마침내
원자가 내는 스펙트럼의
세기를 계산할 수 있는
방법을 찾아냈다.

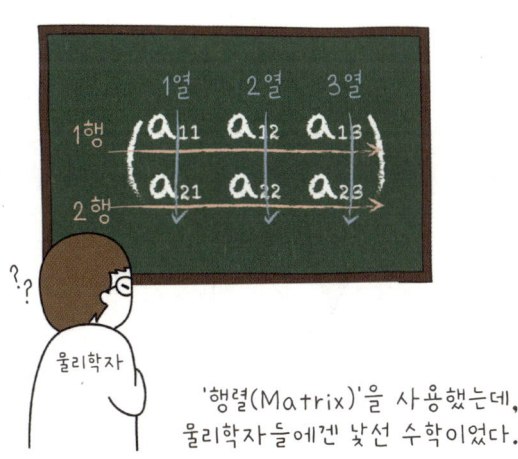

'행렬(Matrix)'을 사용했는데,
물리학자들에겐 낯선 수학이었다.

하이젠베르크 역시
행렬을 배운 적 없었지만
여러 방법으로 계산하다,
행렬을 새로 고안해 사용한 거였다.

뭐야? 역시 천재는
스케일이 다르잖아!

"나는
원자의 껍질 안에 숨어 있는
내부의 아름다움을
본 기분이었다."

양자역학이 시작되었다.

"하이젠베르크가 거대한 양자 알을 낳았네."

(1925년 9월, 아인슈타인이 에렌페스트에게 보낸 편지)

15화 끝

16화
배타 원리

 "(2×2) 행렬 × (2×2) 행렬을 예시로 들면 이렇게 계산하지."

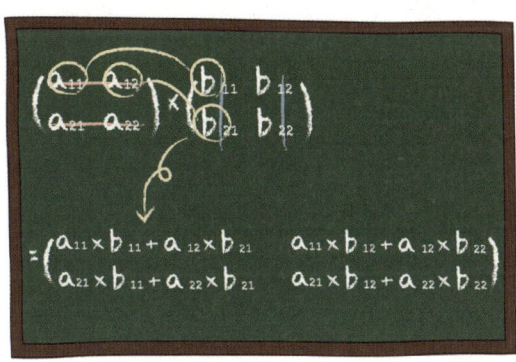

 "이렇게 하면 (19×13) 행렬 × (13×5) 행렬 이런 곱셈도 가능"

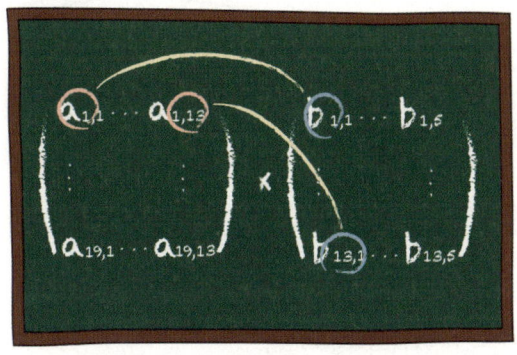

* A+B=B+A (덧셈의 교환법칙)

ex)

$$\begin{pmatrix} 1 & 2 \\ 3 & 4 \end{pmatrix} + \begin{pmatrix} 5 & 6 \\ 7 & 8 \end{pmatrix} = \begin{pmatrix} 6 & 8 \\ 10 & 12 \end{pmatrix}$$ 1+5

$$\begin{pmatrix} 5 & 6 \\ 7 & 8 \end{pmatrix} + \begin{pmatrix} 1 & 2 \\ 3 & 4 \end{pmatrix} = \begin{pmatrix} 6 & 8 \\ 10 & 12 \end{pmatrix}$$ 5+1

* $A \times B \neq B \times A$

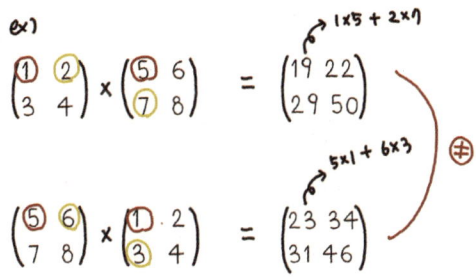

하이젠베르크는 행렬에서
곱셈의 교환법칙이 성립하지 않는다는 것도
몰랐기 때문에
$A \times B$와 $B \times A$가 같지 않다는 걸
굉장히 이상하게 생각해.

수학에 익숙했던 막스 보른은
하이젠베르크가 사용한 방법이
행렬이라는 걸 알고 있었고

자신이 지도하는 학생,
파스쿠알 요르단
(Pascual Jordan)과
함께 행렬식을 확장시킨다.

숨가쁘게 논문들이 발표된다.

1925. 7. 29.
하이젠베르크 논문

1925. 9. 27.
보른과 요르단의 논문

1925. 11. 16.
하이젠베르크, 보른, 요르단의 3인 공동 논문

그러나 행렬역학은 계산이 너무 복잡해
하이젠베르크조차 이를 이용해
가장 간단한 원자인 수소를
설명하지 못했는데,

1926년,
볼프강 파울리는 이를 완벽하게 소화하여
수소 원자에서 나오는 선 스펙트럼을
행렬역학으로 계산해내는 데 성공했다.

볼프강 파울리
Wolfgang Pauli
(1900~1958)
오스트리아의 이론물리학자.

이런 식으로 말했대.

파울리 역시 양자역학에 지대한 공헌을 한 인물이다.

파울리는 1924년에
'파울리의 배타 원리'를 발표했다.

"베타(β) 말고 배타적이다, 할 때 배타(排他)"

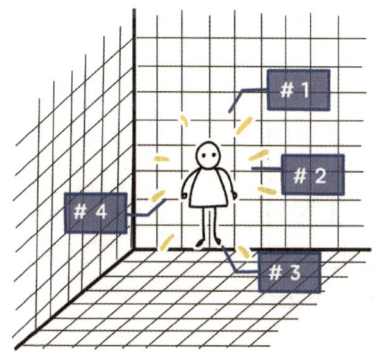

전자는 네 개의 상태를
지니는데, 네 개의 상태가 동일한
전자는 하나뿐이라는 거다.

아주 쉽게 말하자면,

- 양자초등학교
- 3학년
- 5반
- 19번

이 한 명뿐인 것처럼

전자는

주양자수(n)

부양자수(l)

자기양자수(m)

스핀양자수(s)

네 개의 양자수를 갖는데
네 개의 양자수가 모두 똑같은 전자는 하나뿐이다.

파울리는 기존의 3가지 양자수 외에
네 번째 양자수를 가정하여
보어의 원자 모형에 있는
문제점을 해결하였다.

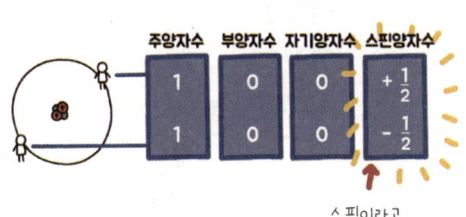

스핀이라고
밝혀진 것은 1925년

배타 원리 전에는 하나의
원자 궤도(오비탈)에 왜 전자가 2개밖에
들어가지 않는지 이해하지 못했는데,

배타 원리에 따라
전자가 오비탈을 채우는 원리를
이해할 수 있게 되었다.

스핀은 $+\frac{1}{2}$과 $-\frac{1}{2}$,
둘 중 하나이기 때문에
같은 오비탈에는 전자 2개밖에
들어가지 못한다.

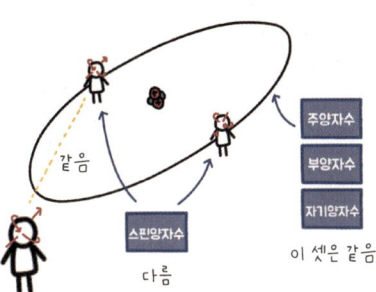

이 전자가 오비탈에 들어가면
네 가지 양자수가 모두 같아지게 되므로
진입하지 못한다.

16화 끝

17화
파울리 효과

파울리가 나타나면

멀쩡하던 실험실의 기계가 고장나고

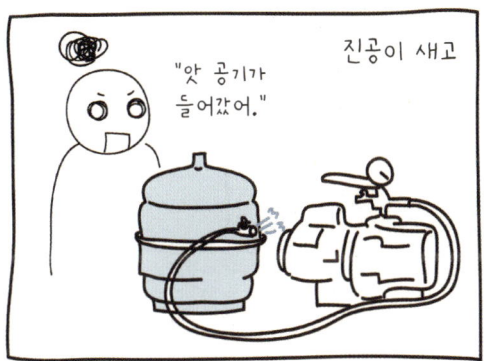

진공이 새고

"앗 공기가 들어갔어."

유리 기구가 깨졌다.

"그 시각에 잠깐 괴팅겐 역에 정차해 있었네."

파울리와 친한 친구였던 오토 슈테른은 사고가 생길까 두려워 자기 실험실에 파울리를 들어오지 못하게 했다.

"대단한 이론물리학자일수록
실험에 서툰 경향이 있다.
실험실에 들어서기만 해도
무슨 일이 일어났던
파울리는 정말 대단한
이론물리학자가
아닐 수 없다."

아저씨, 누구세요?

저요? 조지 가모브입니다.

파울리의 웃픈 일화를 하나 소개하자면
그는 1929년 무용수인 카테 데프너와
결혼했지만 1년이 못 되어 이혼했다.

그녀가 화학자와 재혼하자
파울리는 불평했다.

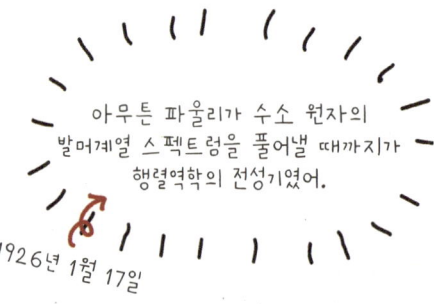

아무튼 파울리가 수소 원자의 발머계열 스펙트럼을 풀어낼 때까지가 행렬역학의 전성기였어.

1926년 1월 17일

"발머계열이란, 세 번째 이상의 전자 껍질에서 두 번째 껍질로 전이되는 전자에 의해 방출되는 광자의 스펙트럼을 말해."

곧, 슈뢰딩거가 나타났지.

*아로사 : 스위스의 전통 휴양지

 :

하이젠베르크 : 슈뢰딩거

 :

휴양(꽃가루 알레르기) : 여행

HELGOLAND, GERMANY : AROSA, SWITZERLAND

독일 헬고란트 섬 : 스위스 아로사

 :

혼자 : 미지의 여인과 함께

행렬역학 완성 : 파동방정식 완성

 다…다른 거 같은데…

물리학자들에게 행렬은 낯설었지만 파동방정식은 그렇지 않았다.

아주 익숙한 미분을 사용했기 때문에

'우리한테는 행렬이나 미분이나…'

물리학자들의 열렬한
환영을 받았다.

"지금도 학생들은
파동방정식으로 배운다지?"

6개월 동안 무려
6개의 논문을 발표!

게다가 그는 이어진 논문에서
하이젠베르크의 행렬역학과
자신의 파동방정식이 수학적으로
동일하다는 걸 증명한다.

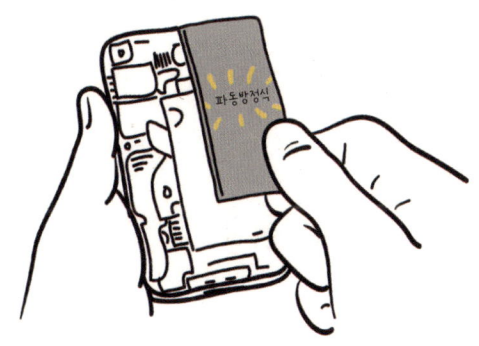

행렬역학이 완전히 밀렸다.
어딜 가나 파동방정식 얘기였다.

그러나 그대로 물러설
하이젠베르크가 아니었다.

17화 끝

18화
두 눈을 뜨면

하이젠베르크는
슈뢰딩거의 파동방정식이
완전하지 못하다고 생각했다.

파동방정식에 따르면
물질은 연속적인 파동의 형태여야 하지만

분명 물질은 '최소의 단위'가 있는
불연속적인 형태이다.

슈뢰딩거의 파동방정식은
물질의 불연속적인 특성을 설명하지 못한다.

빛의 '최소 단위'는 광자이고, 에너지가 불연속적이라는 플랑크의 이론을 설명할 수 없다.

슈뢰딩거도 이 문제를 인정했지만 곧 풀어낼 수 있을 거라 생각했다.

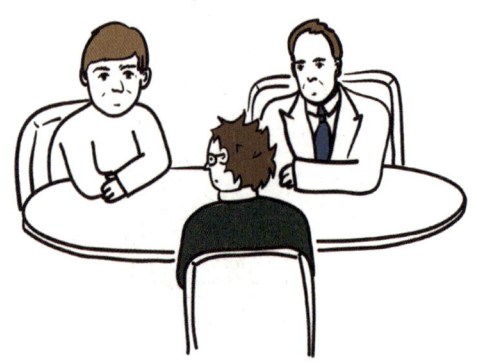

보어와 하이젠베르크는 슈뢰딩거와 함께 몇 번을 토론했지만 의견 차이를 좁히기는 어려웠다.

전에 파울리는 이런 편지를 보냈다.

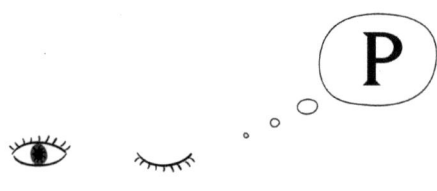

운동량을 보는 눈(p-eye)으로
세상을 바라보거나

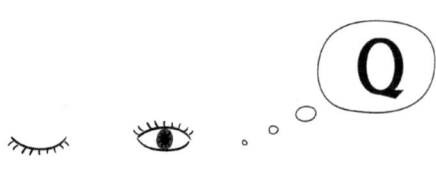

위치를 보는 눈(q-eye)으로
세상을 바라보면 모든 것이 명확하지만,

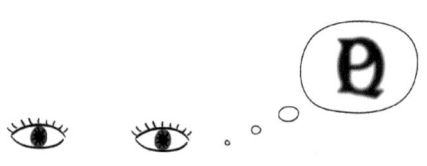

두 눈을 동시에 뜨면
세상은 어지러워진다.

두 눈을 동시에 뜰 수 없다?

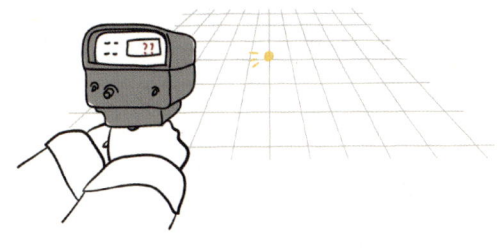

위치와 속도(운동량)를
동시에 측정할 수는 없는 걸까?

하이젠베르크는 계산을 시작했고,
방정식 하나를 만들었다.

위치를 정확하게 알수록
운동량 오차가 커지고

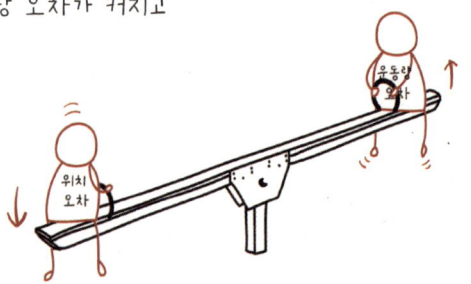

운동량을 정확하게 알수록
위치 오차가 커진다.

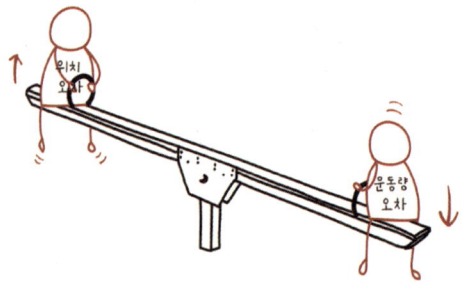

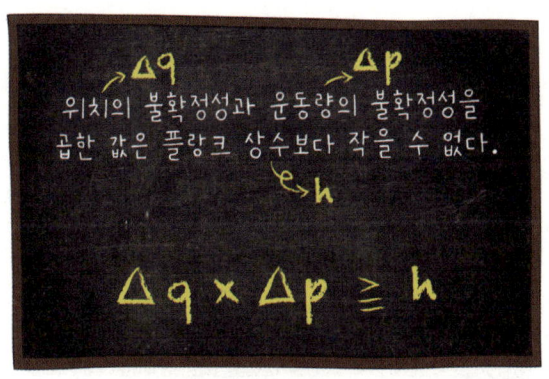

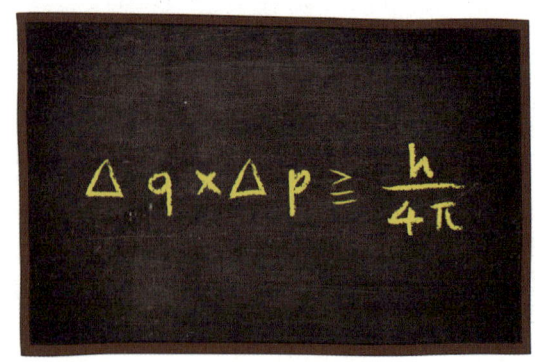

이렇게 바뀐다.

또는 플랑크 상수 대신 디랙 상수를 써서, 다음과 같이 표현하기도 한다.

* 플랑크 상수 h의 값은 $6.62 \times 10^{-34} J \cdot s$이다.

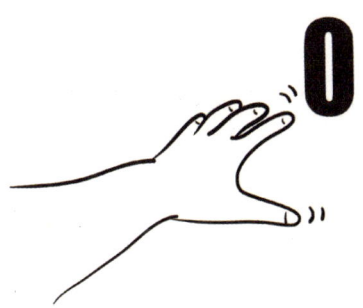

어떤 식이든 불확정성 원리의 핵심은 위치 오차와 운동량 오차를 곱한 값이 결코 0이 될 수 없다는 데 있다.

18화 끝

19화
불확정성 원리

고전역학에서는
우리가 오차 없이
측정할 수 있다고 가정했다.

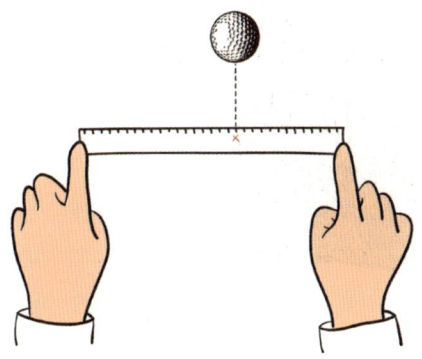

물체의 위치를 정확하게 측정하면
물체의 위치 오차는 0이고

운동량을 정확하게 측정하면
운동량 오차는 0이다.

그러나 양자역학에서는
이들 측정에 오차가 생겨나고
오차는 0이 되지 못한다.

따라서, 위치 오차와 운동량 오차를
곱한 값도 0이 아니다.

1킬로그램짜리 돌멩이가
떨어지고 있다고 해보자.

돌멩이의 위치를 측정했는데
위치 오차가 10^{-17} m이면
속도 오차는 10^{-17} m/s 정도가 된다.

둘 다 너무 작은 차이들이라
무시해도 상관없어.

여기에서 잠깐, 운동량이랑 속도의 관계를 설명하자면

$P = mv$

운동량은 질량 X 속도이므로,

위치 오차 X 운동량 오차

= 위치 오차 X (속도 X 질량) 오차

 질량은 1kg으로 변하지 않으므로,

위치 오차 X 속도 오차 $\geq \dfrac{10^{-34}}{1}$

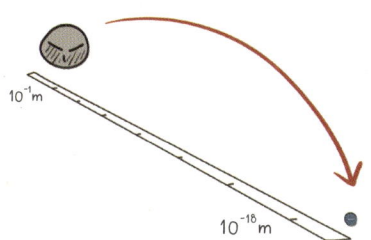

돌멩이에 비해
양자는 엄청나게 작다.

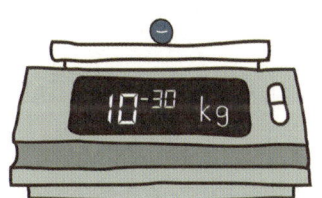

전자의 질량은 10^{-30} kg에
지나지 않는다.

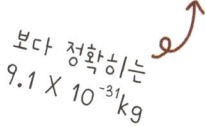

보다 정확히는
9.1×10^{-31} kg

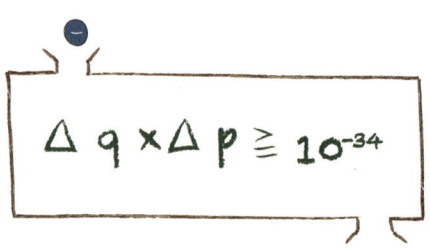

전자를
불확정성 원리 방정식에
넣고 계산하면,

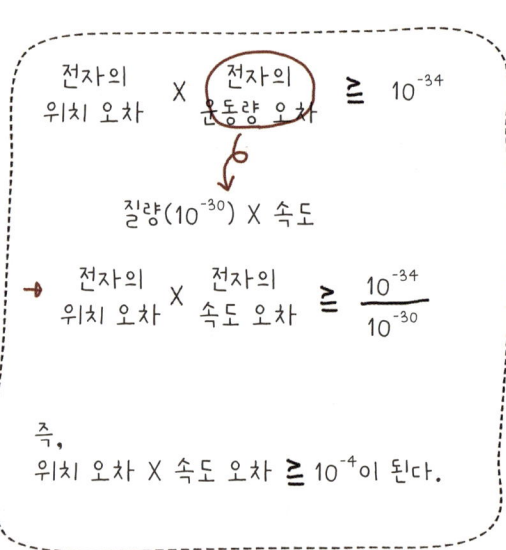

원자의 크기는
10^{-10} 정도이고,

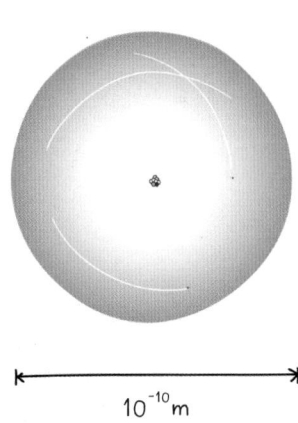

10^{-10}m

전자는
원자 안에 있어야
하기 때문에

전자의 위치를 정확하게
측정하기 위해서는 위치 오차가
10^{-10}보다 작아야 한다.

그렇게 되면,

$10^{-10} \times$ 속도 오차 $\geq 10^{-4}$

→ 속도 오차 $\geq 10^{6}$

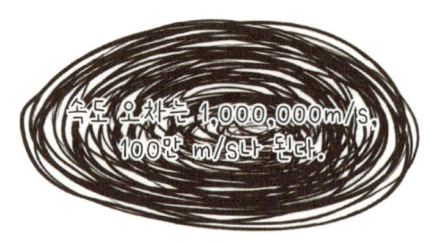

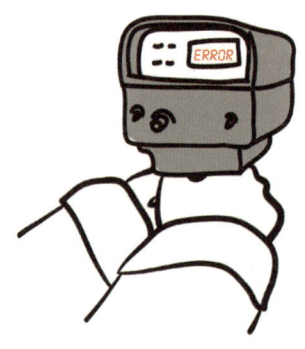

속도의 정확한 값을
알 수 없게 된다.

위치를 정확하게 측정하면 할수록
우리는 속도를 더욱 알 수 없게 된다.

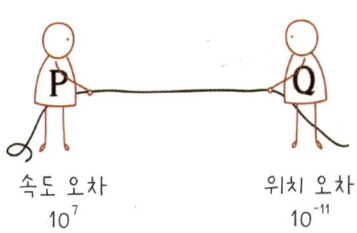

속도 오차　　　　위치 오차
10^7　　　　　　10^{-11}

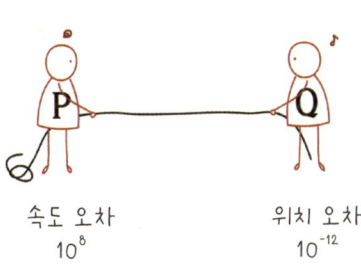

속도 오차　　　　위치 오차
10^8　　　　　　10^{-12}

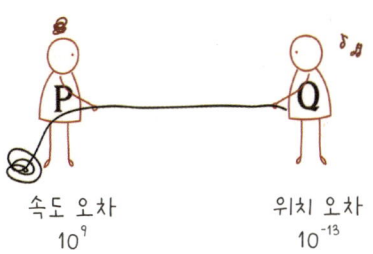

속도 오차　　　　위치 오차
10^9　　　　　　10^{-13}

"정확한 값을 알 수 없다고?
과연 그럴까?"

19화 끝

📷 Scienstagram

 슈뢰딩거

♥ 좋아요 14K개

슈뢰딩거 그래서 이 고양이가 살아 있는 것도 죽은 것도 아닌 중첩된 상태라는 거지?
#그게말이됨 #듣고있는내정신이중첩될지경 #그러니까물리학에확률따위넣지마

아인슈타인 잘했어 슈뢰딩거!
#이정도면보어도포기하겠군 #넌역시우리편

보어 #??!! 이 비유 너무 맘에 드는걸!
#내가좀써먹을게 #양자역학을설명하는데아주딱일듯

　↳ **슈뢰딩거** ?? #이게아닌데

　↳ **아인슈타인** 아니 보어 자네가 왜 여기서 나오나
　　#니네예시는니네가지어써

하이젠베르크 우리는 측정할 수 있는 것에 대해서만 이야기해야 합니다. 측정할 수 없는 것에 대해서는 침묵할 줄 알아야겠죠.
#세상진지

　↳ **슈뢰딩거** ……#갑분싸

스티븐호킹 이놈의 고양이 얘기. 내 총이 어딨더라.

3부
보어와 아인슈타인

20화

솔베이 회의

어네스트 솔베이
Ernest Solvay
(1838~1922)
벨기에 화학자.

솔베이는 1911년
물리학과 화학 국제학술회의,
'솔베이 회의'를 열었다.

"회사 이름도 솔베이"

"지금도 있는 회사"

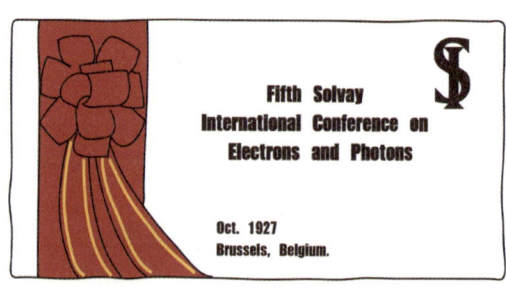

학회는 약 3년에 한 번꼴로 열렸고, 1927년 10월 브뤼셀에서 제5회 학회가 열린다.

참석자는…

5th Slovay conference Attendees

Auguste Piccard
Émile Henriot
Paul Ehrenfest
Édouard Herzen
Théophile de Donder
Erwin Schrödinger
Jules-Émile Verschaffelt
Wolfgang Pauli
Werner Heisenberg
Ralph Howard Fowler
Léon Brillouin
Peter Debye
Martin Knudsen
William Lawrence Bragg
Hendrik Anthony Kramers

Paul Dirac
Arthur Compton
Louis de Broglie
Max Born
Niels Bohr
Irving Langmuir
Max Planck
Marie Curie
Hendrik Lorentz
Albert Einstein
Paul Langevin
Charles-Eugéne Guye
Charles Thomson Rees Wilson
Owen Willans Richardson

'이공계 최종 보스'

레전드 오브 더 레전드...

윗줄부터
- 피카르, 앙리오트, 에렌페스트, 헤르젠, 드 동데르, 슈뢰딩거, 버샤펠트, 파울리, 하이젠베르크, 파울러, 브릴루앙
- 디바이, 크누센, 브래그, 크라머르스, 디랙, 콤프턴, 드 브로이, 보른, 보어
- 랭뮤어, 플랑크, 퀴리, 로런츠, 아인슈타인, 랑주뱅, 게이, 윌슨, 리처드슨

초청을 받아 참석한 29명 가운데
17명이 노벨상을 수상했다.

헐!

저기선 노벨상 탔다고
자랑도 못하겠네…

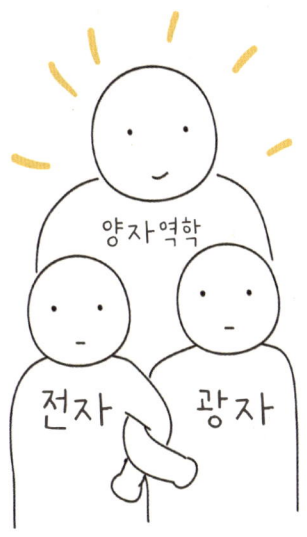

공식적인 회의 주제는
'전자와 광자'였지만
실질적인 주제는 '양자역학'이었고

보어와 아인슈타인이 격돌한다.

보어는 솔베이 회의 강연에서 상보성 원리를 설명했다.

전자는 파동의 성질과
입자의 성질을 모두 갖고 있지만

두 가지 특성을 동시에
관측할 수 없다.

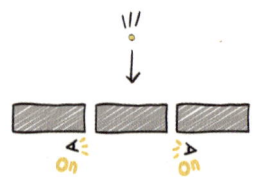
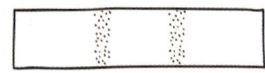

자연은 관측을 하면
입자이거나 파동이거나

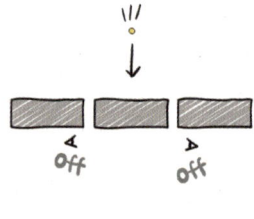
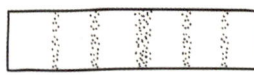

둘 중 하나의
성질만을 보여준다.

자연을 설명하려면
두 가지 관점이 모두 필요하다.

보어는 이를 '상호보완성의 원리'라 했다.

아인슈타인은 조용히 듣고만 있었다.

강연이 끝나고,
아인슈타인이 입을 열었다.

"자, 한번 상상해봅시다."

그의 무기는 사고실험이었다.

20화 끝

21화
신에게 명령하지 말게나

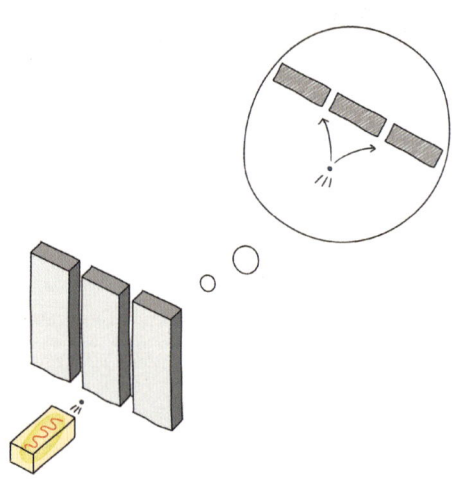

하나의 전자가 스크린을 향해 날아간다.

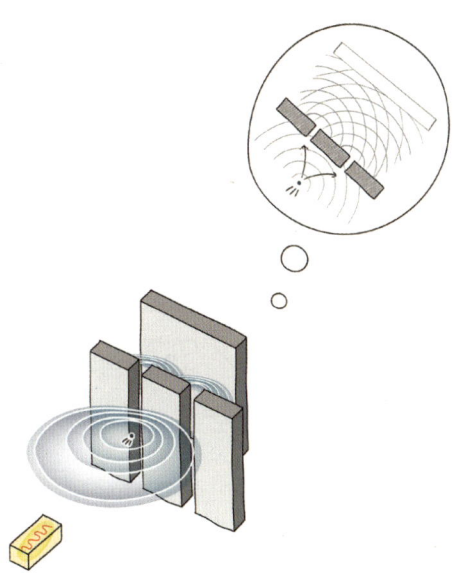

중간에 슬릿이 있어 슬릿을 통과한
전자가 파동으로 퍼져 나간다.

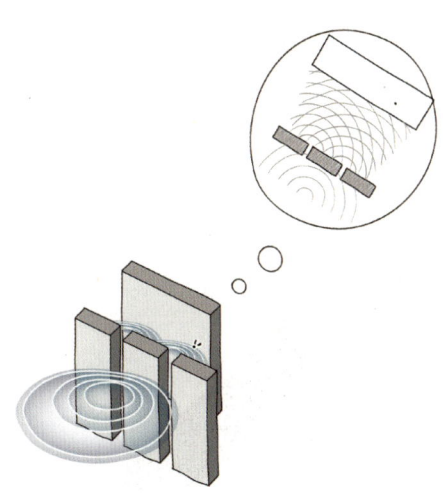

파동은 스크린 전체에 닿지만
닿는 순간 하나의 점만을 남긴다.

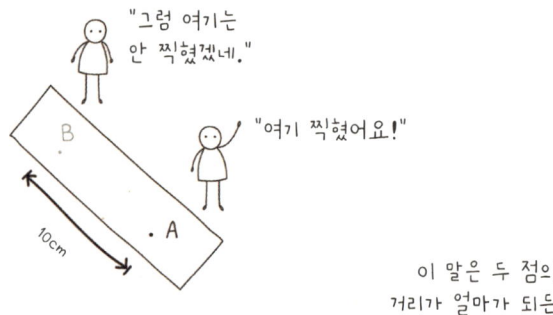

이 말은 두 점의
거리가 얼마가 되든

A라 점에 닿는 동시에
B라는 점에는 닿지 않는
메커니즘이 있어야 한다는 것이다.

이 메커니즘은 빛보다
빨라야 한다.

이렇게 믿을 수 없는 '원거리 작용'을
양자역학이 받아들이라고 하니
아인슈타인은 인정할 수가 없던 거야.

처음에 보어는 아인슈타인의
말을 못 알아듣고
다른 이야기를 하긴 했지만

곧

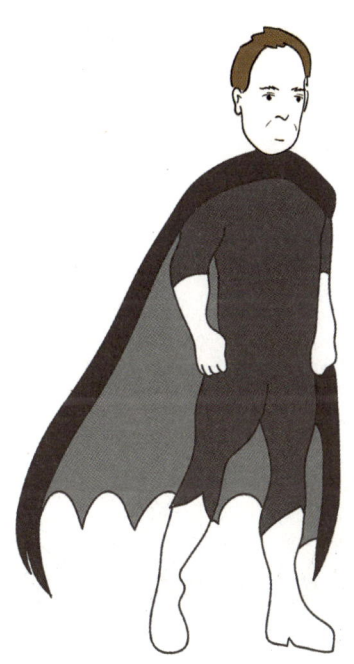

엄청난 카리스마로
사람들을 압도했다.

파울 에렌페스트
Paul Ehrenfest
(1880~1933)
오스트리아 태생
이론물리학자

에렌페스트는 그날을 회상하며
보어가 모든 이들 위에
우뚝 솟아 있었다고 했다.

아무도 보어의 말을 이해하지 못했고
한 사람 한 사람 각개격파당했다.

아인슈타인은
매일 아침 공격했고

보어는
매일 저녁 방어했다.

아인슈타인은
매번 새로운 인형이 튀어나오는 상자처럼
새로운 사례를 들고 나왔다.

아인슈타인은 이중슬릿 실험에 대해
이렇게 하면 전자의 위치도 확인하고
간섭 무늬도 나올 수 있지 않겠냐며
상보성과 불확정성 원리를 공격했다.

보어는 아인슈타인이 제시한 사고실험의
헛점을 파고들어 전자의 위치를 확인하거나
간섭 무늬가 나오거나, 둘 중 하나밖에
나올 수 없는 상황이라고 반격했다.

이 같은 토론이 며칠 동안 이어진 뒤
에렌페스트가 아인슈타인에게
따끔하게 말했다.

아인슈타인 박사, 자네가 부끄럽네. 마치 자네는 상대성이론을 받아들이지 않던 바로 그런 사람들처럼 양자론을 반대하고 있지 않나.

21화 끝

22화

2차 방어전

대부분의 과학자들은
보어가 이겼다고 생각했다.

그러나 아인슈타인이
설득된 건 아니었다.

1930년에 개최된 제6차 솔베이 회의에서
아인슈타인은 또 다른 사고실험을 제안한다.

상자가 하나 있다.
상자에는 조그만
구멍이 하나 있고

구멍에는 셔터가
달려 있다.

셔터는 상자 안에 있는
시계에 의해 조정된다.

상자 안에
광자를 채운 다음
무게를 잰다.

지정된 시간에 셔터가 열리고
광자 하나가 빠져나가고
셔터가 닫힌다.

셔터가 열리고 닫힌 시간은
연결된 시계를 통해 확인할 수 있고

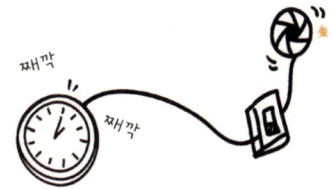

광자가 빠져나가기 전과 후
상자의 무게 차이를 이용해
광자의 에너지를
알 수 있다.

시간을 잴 수 있다는 건 알겠어. 상자의 무게를 잴 수 있다는 것도 알겠고.

응?

근데 광자 에너지는 어떻게 안다는 거야?

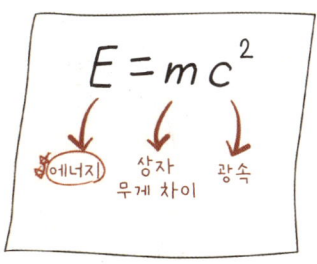

"상자의 무게 차이를 알면(m)
그 식을 이용해 에너지(E)를 알 수 있어."

"우리는 광자가 방출되는 데 걸린 시간과 상자에서 빠져나간 에너지를 모두 측정할 수 있게 되지."

보어는 큰 충격을 받았다.

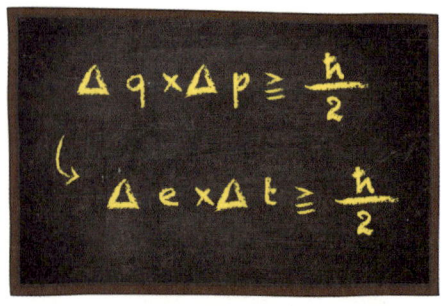

"위치 오차와 운동량 오차의 곱이 0이 될 수 없다는 불확정성 원리 식에서 에너지 오차와 시간의 오차 곱 역시 0이 될 수 없다는 식이 유도되거든."

"에너지와 시간을 정확히 측정할 수 있다는 건 불확정성 원리가 틀리다는 거야."

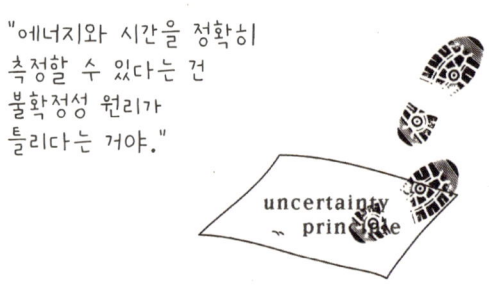

보어는 꼬박 밤을 샜다.

다음날 아침, 보어는 아인슈타인을 찾아갔다.

22화 끝

23화
광자 상자

아인슈타인을 찾아간
보어는 그림을 그리기 시작했다.

아인슈타인이 제기한
사고실험이었다.

(그림이 실제 상황보다 과장되어 있음)

광자 하나가 빠져나가기 전과 후
상자 무게를 잰 다음
그 차이를 이용하면
에너지를 측정할 수 있다.

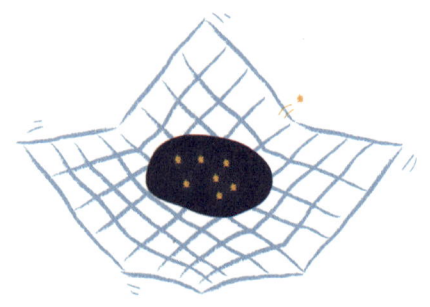

그러나 광자가 빠져나가며
질량이 줄어들 때 중력장이 흔들린다.

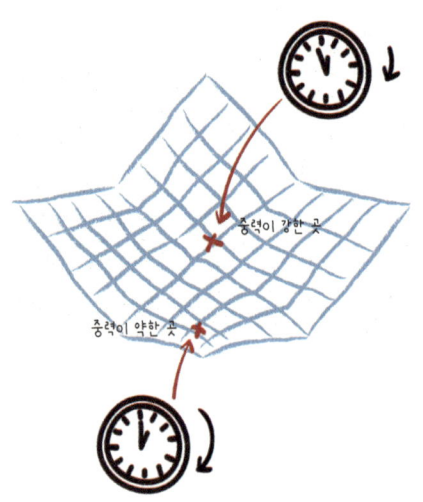

아인슈타인의 일반상대성이론에 따르면,
중력이 강한 곳은 약한 곳보다 시간이 느리게 간다.

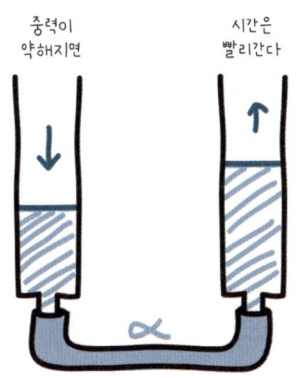

"중력과 시간이 연결되어 있다는 거야."

이곳에서의 한 시간은 지구 시간으로 7년이에요.

완벽하군. 여기에서 몇 시간만 있다 가면 <응답하라 2015>를 볼 수 있겠군.

"강한 중력에 따른 시간 지연 현상 때문이었어."

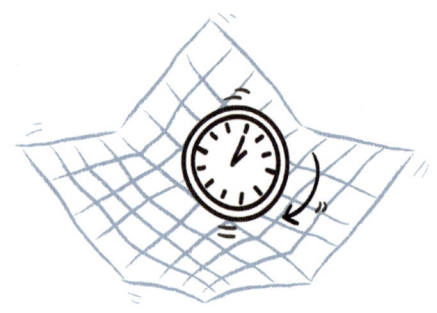

광자가 빠져나갈 때
중력장이 미세하게 흔들리기 때문에,
시간의 속도 역시 흔들린다.

여기에서 불확정성 원리가
적용된다. 시간과 에너지 둘 다
정확하게 측정할 수는 없다.

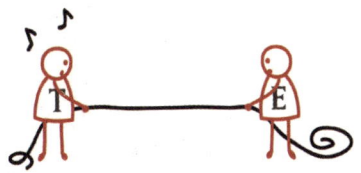

시간을 정확하게
측정할수록 무게 차이(=에너지)가
불확실해지고

무게 차이(=에너지)를
정확하게 측정할수록
시간이 불확실해진다.

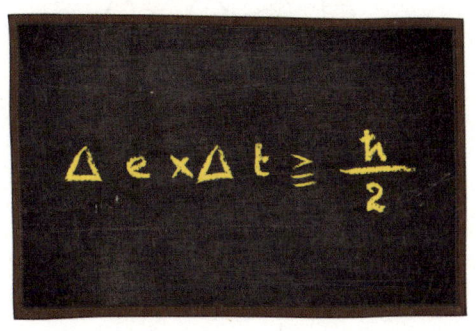

보어는 아인슈타인의 날카로운 공격을
아인슈타인의 상대성이론으로 막아냈다.

아인슈타인은 보어의 주장이
맞다는 걸 받아들일 수밖에 없었다.

물리학자들은 환호했다.

아인슈타인은 울러났다.
그러나 양자역학을 받아들이지는 않았다.

무언가 이상한 게 있다고 생각했다.

그리고 5년 뒤…

그건 EPR 역설이 된다.

"보어, 아직 끝나지 않았네."

(BGM. 끝날 때까지 끝난 게 아니야)

23화 끝

24화
EPR 역설

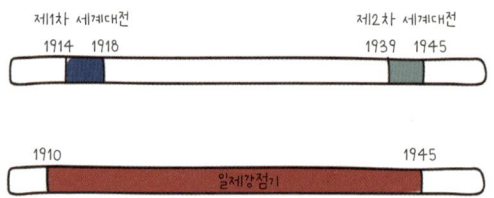

제1차 세계대전이 끝날 무렵*
독일에선 혁명이 일어나

(* 11월 혁명. 1918년. 당시 우리나라는
일제강점기였고 고종은 베이징으로의 망명을 계획했다.)

황제*를 쫓아내고
공화국을 수립한다.

(* 독일의 마지막 황제 빌헬름 2세)

1919년~1933년에 있던
독일 역사상 최초의 공화국

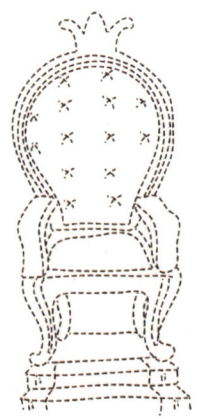

공화국은 왕이 없는 나라를 말한다.
영어로는 republic.
대한민국도 Republic of Korea.

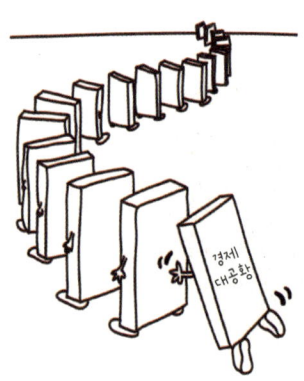

1929년 미국에서 시작된
경제 대공황이
전세계로 퍼진다.

제1차 세계대전 패배 후 그렇지 않아도 힘들던
독일 경제는 엄청난 타격을 받는다.

그런 가운데 나치당의 인기가 높아지고
1933년 1월 30일 아돌프 히틀러가 총리에 임명된다.

아돌프 히틀러
Adolf Hitler
(1889~1945)
독일 나치의 지도자.

감금. 납치. 암살. 고문.
파시즘이 시작되었다.

유태인

미국을 방문하고 있던 아인슈타인은
같은 해 5월 독일 시민권을 포기하고
미국으로 망명한다.

옥스포드 대학교,
캘리포니아 공과대학(칼텍),
프린스턴 고등연구소에서
아인슈타인을 부른다.

아인슈타인은 미국 뉴저지주
프린스턴 고등연구소 연구 교수로 자리 잡는다.

그곳에서 함께 연구할
젊은 물리학자 두 명을 만난다.

보리스 포돌스키와 네이션 로젠

보리스 포돌스키
Boris Podolsky
(1896~1966)
: 러시아 유태인 집안에서 태어나
1913년 미국으로 이주했다.

네이션 로젠
Nathan Rosen
(1909~1995)
: 미국과 이스라엘 국적의 물리학자로
아인슈타인-로젠 브릿지를 이론화했다.

아인슈타인-로젠 브릿지
= <인터스텔라>에
나오는 '웜홀'

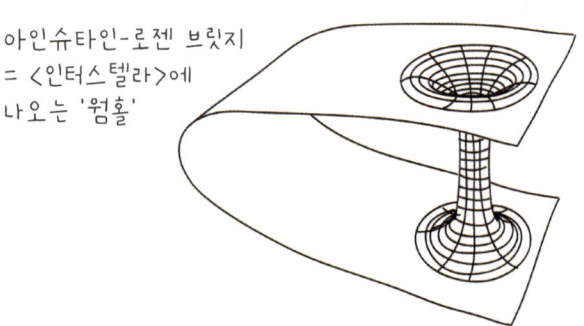

이들은 양자역학이 완전하지 않다는 걸
입증하기 위한 연구를 시작한다.

당시 양자역학은 두 차례에 걸친
솔베이 회의 이후 더욱 굳건해져 있었다.

그동안 미심쩍이 바라보던 노벨 위원회도
1932년에는 베르너 하이젠베르크에게
1933년에는 에르빈 슈뢰딩거와 폴 디랙에게
노벨 물리학상을 수여했다.

그러한 상황에서 발표된 한 편의 논문.
그들은 질문을 던진다.

"물리적 실체에 대한
양자역학의 설명은
완전하다고
할 수 있는가?"

24화 끝

25화
스핀

그들의 질문

EPR 논문은 제목에 적힌 물리적 실체를 정의하며 시작한다.

물리적 실체는 국소성을 지녀야 한다.

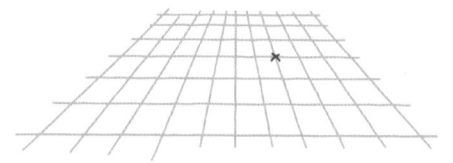

물리적 실체는 어느 한 곳에
국한되어 있어야 한다는 거야.
멀리 떨어져 있지 않고.

난해한 정의는 신경쓰지 말자.
다음의 상황을 이해하는 데
별 상관 없으니.

얽힘

앞으로 '얽힘'에 대해 이야기할 건데
결론을 간단하게 이야기하자면 이렇다.

그럼 이제 얽힘이
무엇인지 알아보자.

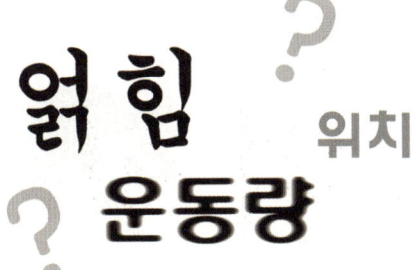

EPR 논문에서는
위치와 운동량으로 얽힘을 다루는데

전자에는 스핀이라고 하는 고유한 양이 있다.
스핀은 입자가 가지고 있는 고유한 각운동량이다.

그리고 스핀으로 인해
전자 주변으로 자기장이 만들어진다.

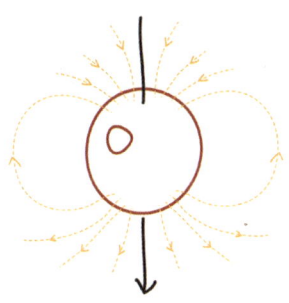

"사실 전자는 너무 작아서 실제로
둥그란 모양인지 아닌지 알 수가 없어.
또 일상적인 감각으로는 스핀이 어떤 것인지
전혀 경험할 수가 없어."

여기서
잠깐!

우리가 알 수 있는 것은
두 종류의 스핀이 있다는 것이다.

하나는
스핀-업(spin-up)이고

다른 하나는
스핀-다운(spin-down)이다.

측정을 하면 한 전자가 어떤
스핀을 가졌는지 알 수 있다.

방법은 간단하다.

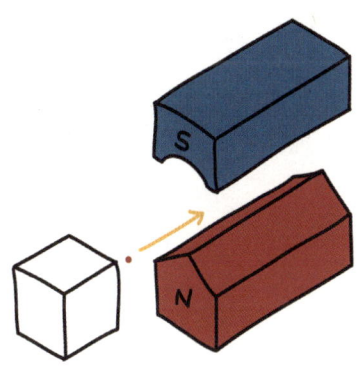

이런 모양의 두 자석을 위아래로
놓고 그 사이로 전자가 통과할 때

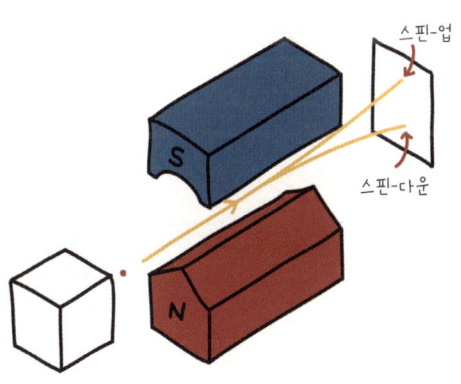

자기장의 영향을 받아
전자가 위쪽으로 휘면 스핀-업
아래쪽으로 휘면 스핀-다운이다.

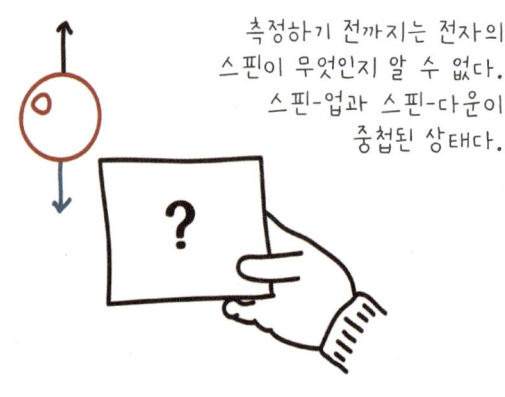

측정하기 전까지는 전자의 스핀이 무엇인지 알 수 없다. 스핀-업과 스핀-다운이 중첩된 상태다.

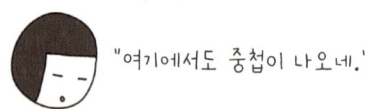

"여기에서도 중첩이 나오네."

"응. 측정하는 순간 둘 중 하나로 확정돼."

그런데 상호작용했던 전자들이 떨어진 후에도 특별한 관계를 유지하는 현상이 있다.

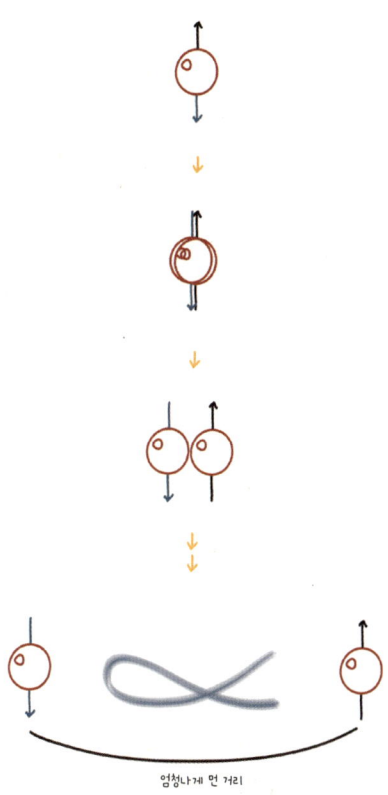

얽혀 있다* 해서 '양자 얽힘'

(* 얽히다 : '둘 이상의 대상이 관련이 되다'
ⓒ고려대학교 민족문화연구원)

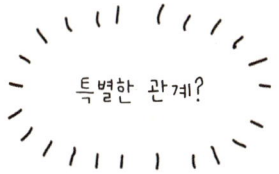

특별한 관계?

25화 끝

26화
유령 작용

양자 얽힘
Quantum Entanglement*

(* entanglement = 말려듦, 연애 관계, 얽힘)

"제가 이름 붙였습니다.
(물론 저는 독일어로.)
특별한 관계라는 느낌이
잘 담겨 있지 않나요?"

19금 물리학자
슈뢰딩거

서로 얽힌 두 전자가 분리되면

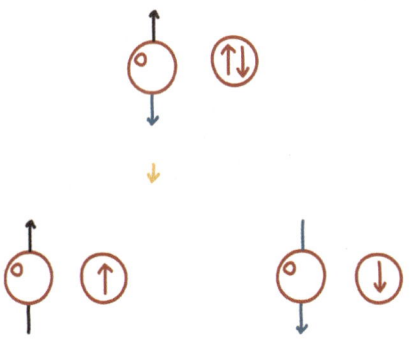

하나는 스핀-업,
다른 하나는 스핀-다운 상태가 된다.

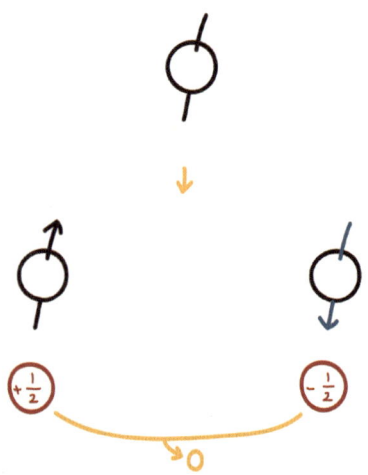

그래야만 두 개를 더한 값이 0이 되어
각운동량이 보존되기 때문이다.
(= 각운동량 보존 법칙)

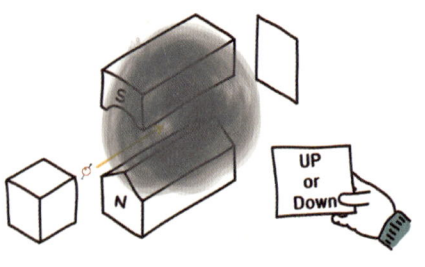

그런데 문제가 있다. 전에 이야기했듯
측정하기 전까진 스핀이
결정되지 않는다는 사실이다.

미리 결정되어 있는데,
측정하기 때문에 알 수 있는 게 아니다.

두 상태가 중첩되어 있다가
측정하는 순간 하나로 결정되는 것이다.

예를 들어보자.

A전자와 B전자가 얽힘 상태에 있다.

A전자를 측정했더니 스핀-업 상태다.

그럼 B전자는?

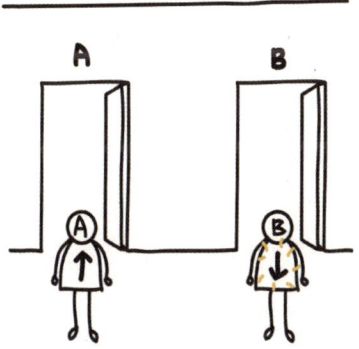

스핀-다운이다.

얽혀 있는 두 전자가
반대 방향으로 날아간다.

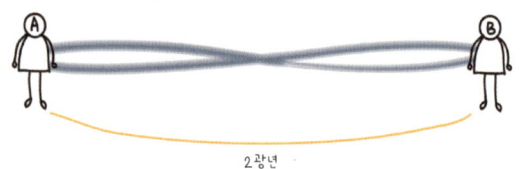

각자 1광년 거리를
날아간다고 하자.

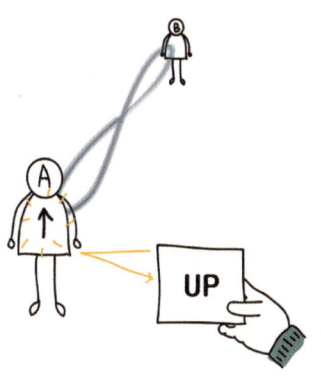

그때 A전자를 측정한다.
스핀-업이다.

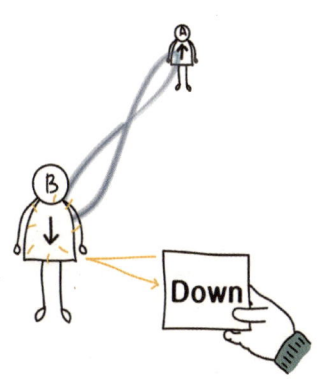

그럼 B전자는?
스핀-다운이다.

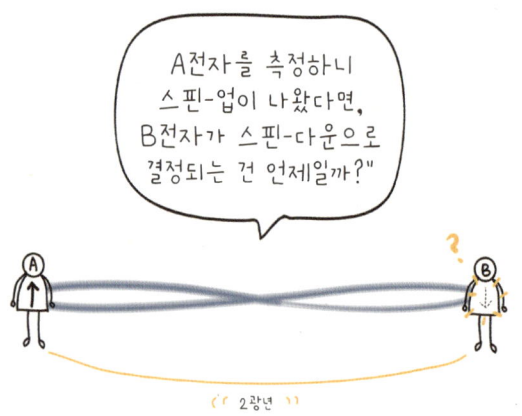

1. A전자와 B전자가 분리된 때

2. A전자를 측정한 순간

3. A전자를 측정하고 그 결과가 광속으로 2년을 날아가 도착한 순간

스핀은 측정하는 순간 결정된다고 했으니 1번은 아니고, 2번 아니면 3번일 텐데….

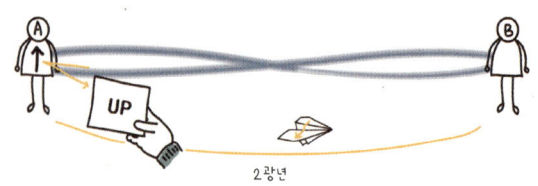

A전자를 측정하고 그 결과가 광속으로
2년을 날아가 도착한 순간 B전자가
스핀-다운으로 결정된다고 해보자.

(3번)

결과가 날아가는 사이
누군가 B전자를 측정하고,

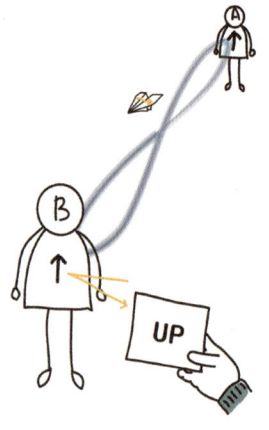

만약 스핀-업이 나온다면?

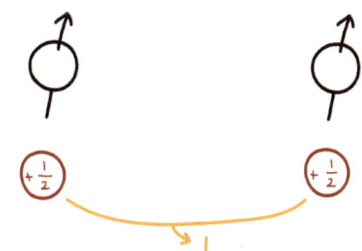

나중에 도착하는 결과와
맞지 않게 된다.

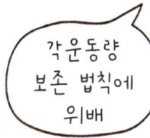

각운동량
보존 법칙에
위배

우주에 모순이
일어난다!

그렇다면, 답은 2번이다.

아인슈타인도 똑같이 묻는다.

26화 끝

27화
문제없음

양자역학에 따르면
A전자를 측정해
스핀이 스핀-업으로
결정된 순간

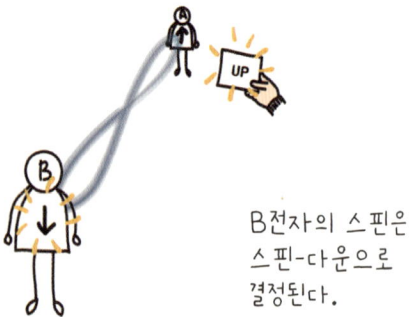

B전자의 스핀은
스핀-다운으로
결정된다.

그것이 양자역학의 설명이다.

아무리 멀리 있어도 즉시?

상대성이론에 따르면
어떤 물질도 '빛'보다 빠를 수 없다.

정보도 마찬가지다.

'유령 같은 원격작용*'은
불가능하다.

(*원래는 'spooky action at a distance')

양자역학

고로 '양자역학은 불완전하다'

대신 아인슈타인은 관측하기 전에
모든 게 이미 결정되어 있다고 생각한다.

결정되어 있지만 측정 전까지
알아낼 수 없을 뿐이라고.

그렇게 주장하면
양자역학에 의지하지 않아도
우주를 설명할 수 있다.

EPR 논문은 1935년 5월
〈뉴욕 타임스〉에 소개되었다.

이에 대한 보어의 반박

그러나 사실 보어의 답은
완벽하지 않았다.

보어와 아인슈타인 가운데
누가 맞는지 확인하기 위해서는
실험적인 증거가 필요했다.

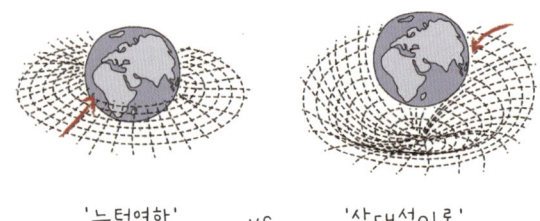

'뉴턴역학' vs '상대성이론'

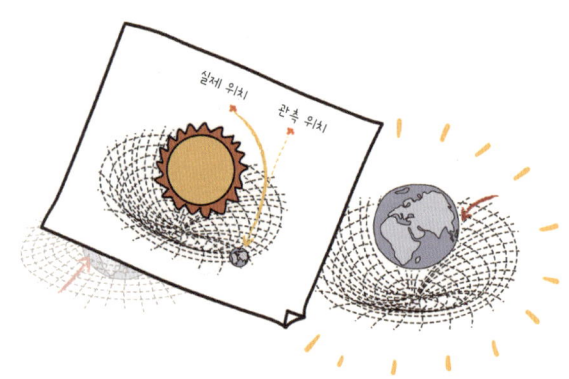

에딩턴의 관측이
상대성이론의 손을 들어주고,

"빛이 휘었다!"

아서 스탠리 에딩턴
Arthur Stanley Eddington
(1882~1944)

 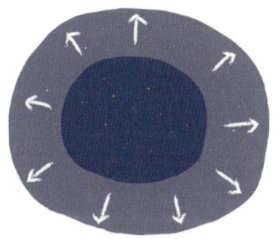

'정적인 우주' vs '팽창우주'

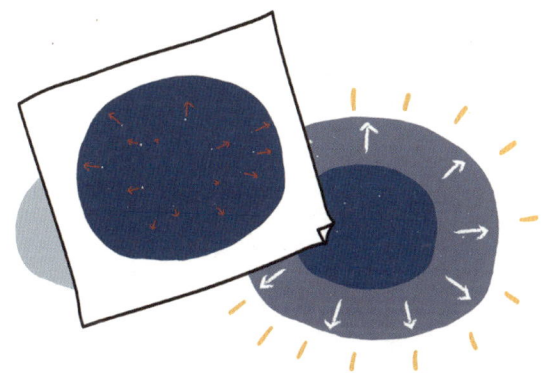

허블의 관측이 팽창우주론을 뒷받침하고

"우주가 팽창한다!"

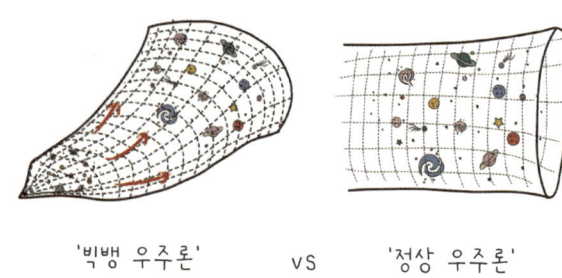

'빅뱅 우주론'   VS   '정상 우주론'

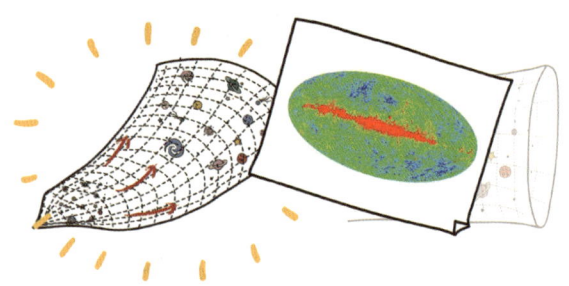

펜지어스와 윌슨이 발견한
'우주배경복사'가
빅뱅 우주론을 널리 인정받게 만들었다.

"이 잡음이 빅뱅의 증거입니다."

과학에서 대립하는 이론들이 있을 때 이를 끝낸 건 언제나 결정적인 실험이었어.

🔬 Scienstagram

하이젠베르크

♥ 좋아요 1020개

하이젠베르크 흠.. 이 책은 사실 노벨문학상 감인데
#과학책이라기엔너무철학적

보어 자네 과학에서만 천재가 아니라 글도 잘 쓰는군!
#책좀팔린다며 #인세짱부럽
↳ **하이젠베르크** 숙쓰럽습니다 선생님

슈뢰딩거 내가 쓴 <생명이란무엇인가> 읽어봤나?
#무려양자역학관점에서본생물학 #응자랑중맞아
↳ **왓슨** 제가 읽어봤습니다 선생님! 그거 읽고 DNA 구조의 영감을 얻었습니다.
#안읽었음어쩔뻔

힉스 저 교수님, 교수님이 쓰레기라고 하셨던 그 이론으로 저 노벨상 받았어요.
#그때괜히낙심했어
↳ **하이젠베르크** 그땐 미안했네 #그런데자네는노벨상좀늦게받았네
#노벨상같은건삼십대에받는상아닌가

4부
양자역학과 해석들

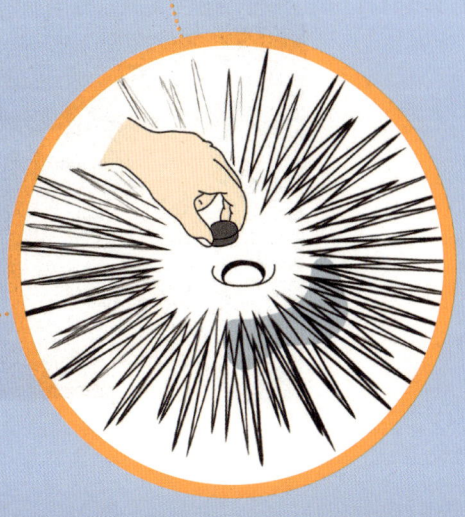

28화
존 스튜어트 벨

그 둘은 줄곧 수평선을 달려
결코 만나지 않는 듯 보였다.

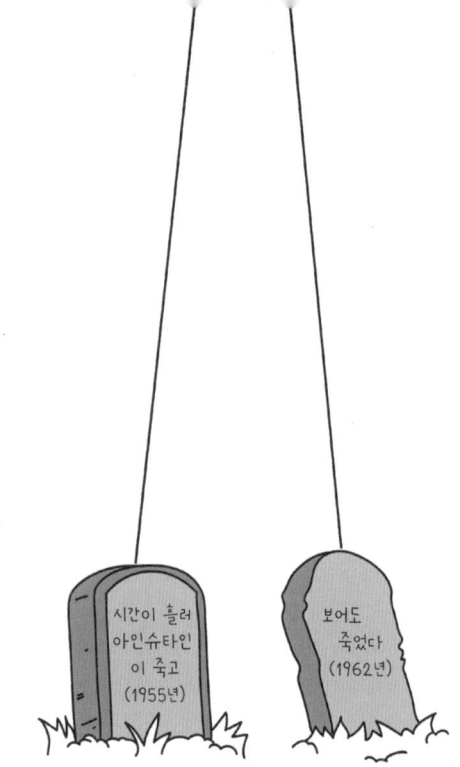

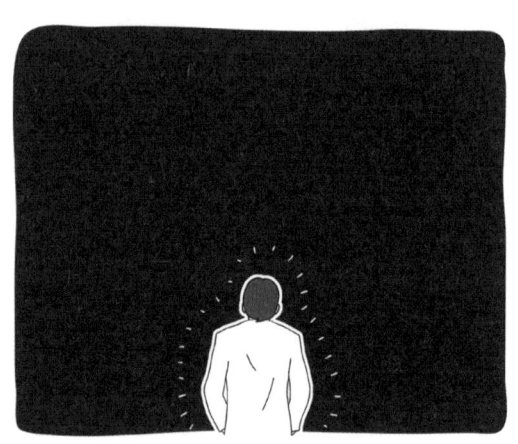

여전히 누구의 주장이 맞는지
알 수 없는 데다 확인할 수 있는 방법조차
보이지 않았다.

1964년,
둘이 만든 수평선이
철로처럼 이어지던
어느 날,

둘 가운데 누가 옳은지 판명할 수 있는 하나의 수식이 제안된다.

그리고 그 수식은
18년이 더 지난 1982년에야
실험으로 확인된다.

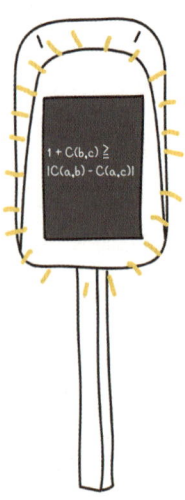

하나의 수식
'벨 부등식'*

존 스튜어트 벨
John Stewart Bell
(1928~1990)

제안한 사람은
존 스튜어트 벨

1928년 6월 28일
노던아일랜드 벨파스트에서
태어난 존 스튜어트 벨은

영국 땅

아일랜드 땅

과학자가 되고 싶어 벨파스트에 있는
퀸즈 대학교에 입학해

1948년
실험물리학
학사학위를 받고
이듬해
수리물리학 학사학위를 받았으며

1956년 버밍엄 대학교에서
박사학위를 받았다.

(위 사진은 현재의 CERN에서 운영하는 LHC)

벨은 스위스 제네바에 있는
유럽입자물리연구소(CERN)에서 일하며

물리학자들이 거들떠보지 않던
숨은변수이론에 관심을 가졌다.

양자 세계가 확률로 이루어진다는
코펜하겐 해석에 반대해

숨은변수이론은 양자의 움직임은
결정되어 있지만 우리가 알지 못하는
변수 때문에 그럴 뿐이라고 설명한다.

존 스튜어트 벨이 관심을 가졌던
사람은 데이비드 봄이었다.

원래 데이비드 봄은 코펜하겐 해석대로
양자역학을 이해하고 『양자론』(1951)이란
책까지 쓴 정통 물리학자였는데,

 A_Einstein_

A_Einstein_ 지금까지 코펜하겐 해석을 가장 또렷하게 설명한 책이다. #그러나_난_코펜하겐_해석_안_믿음
D_Bohm 감사합니다
A_Einstein_@D_Bohm 한번 만날까?

아인슈타인을 만난 이후 생각이 바뀌어

숨은변수이론을 연구했다.

그리고 완벽한 숨은변수이론을 만들어낸다.

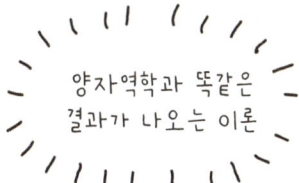

양자역학과 똑같은 결과가 나오는 이론

28화 끝

29화

결정론 vs. 비결정론

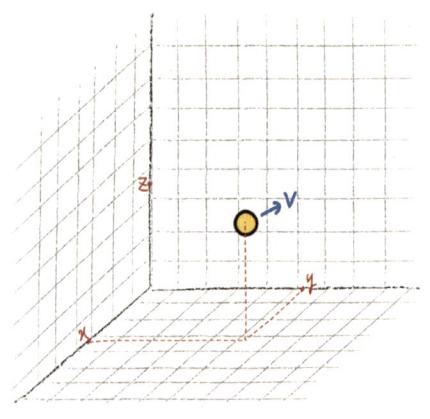

데이비드 봄의 숨은변수이론은
고전역학처럼 모든 양자를
위치와 운동량이 확정된 입자로
여기고 양자역학을 풀어낸다.

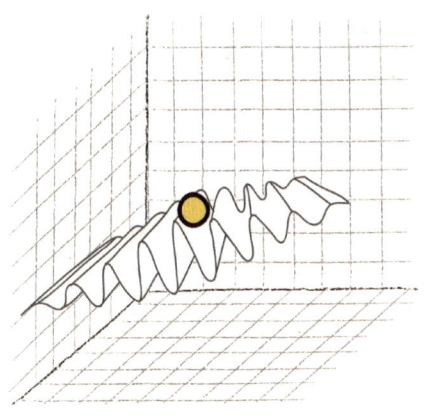

다만 입자 앞에 '파일럿 파동
(pilot wave - 안내하는 파동)'이 있어
입자가 파동을 타고 움직인다.

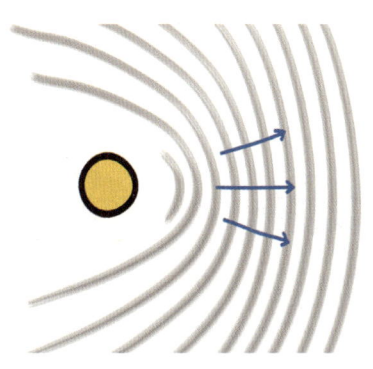

숨은변수이론에선
입자는 입자일 뿐인데
앞에 있는 파동을 따라 이동해.

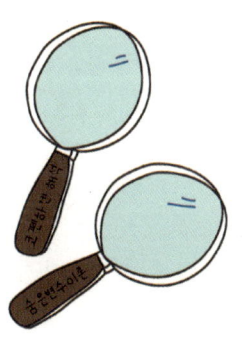

코펜하겐 해석과
다른 해석이지.

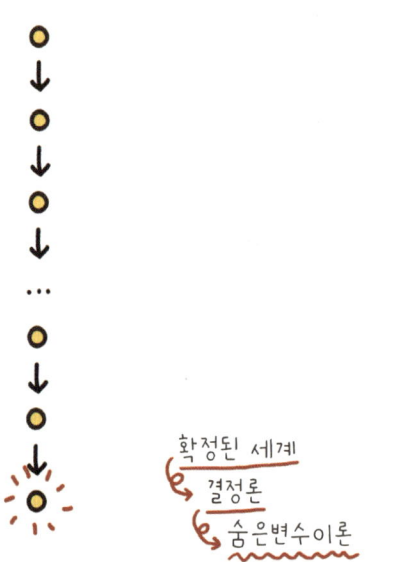

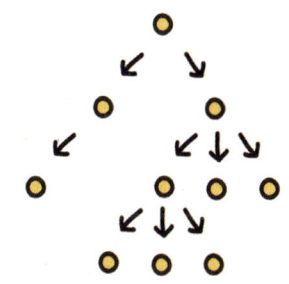

확정되지 않은
세계
비결정론
양자역학
(코펜하겐 해석)

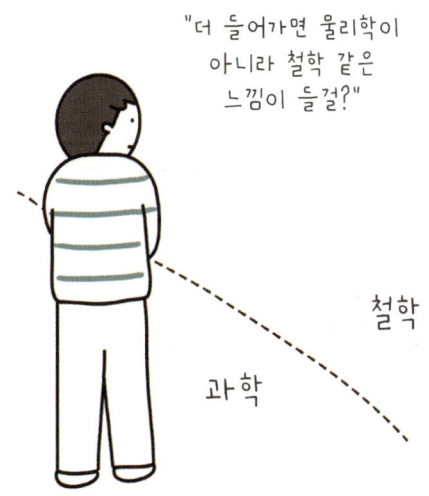

"더 들어가면 물리학이 아니라 철학 같은 느낌이 들걸?"

과학

철학

사실 물리학자들이 EPR 논문과
숨은변수이론에 관심이 없는 이유는
지나치게 사변적인 느낌을 주었기 때문이었다.

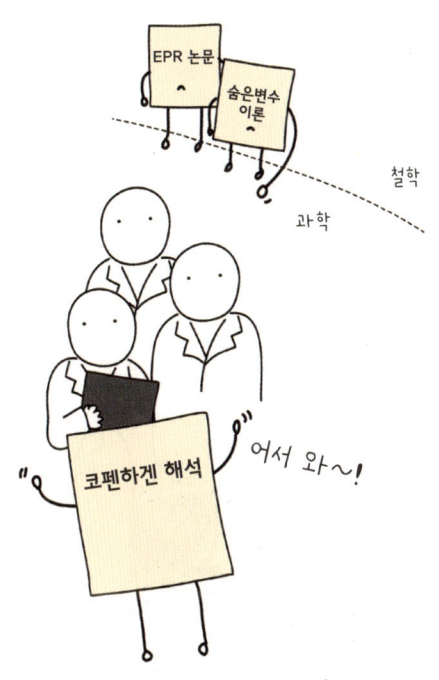

코펜하겐 해석대로 하면 아무 문제 없는데
증명할 수도 없는 문제로 논쟁하는 건
아무 쓸모없는 일이라 여겼다.

1952년 봄이 쓴 논문을 보고
충격을 받은 벨은

숨은변수이론과 코펜하겐 해석 가운데
어느 이론이 맞고 어느 이론이 틀린지를 놓고 고민한다.

두 이론은
예측하는
결과가 같은 걸로
보였지만

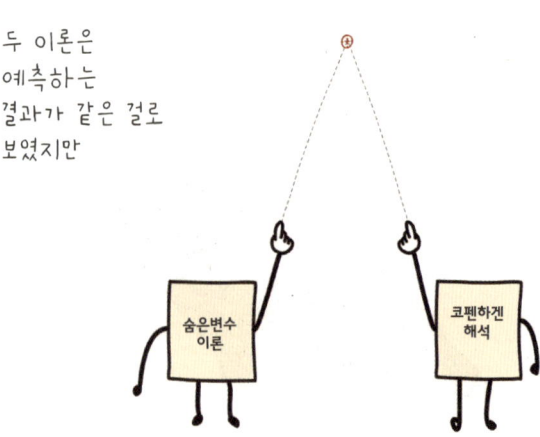

벨은 12년의 연구 끝에
차이가 있을 수 있다는 사실을 알아낸다.

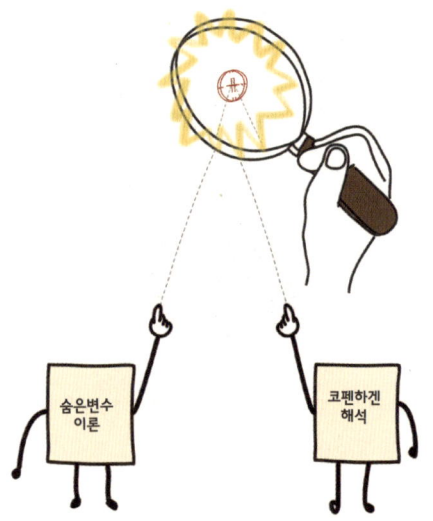

CERN 정규직 벨(36세)

그걸 정리해 발표한 게
바로 벨 부등식이다. (1964년)

특정한 상황이 주어지고, 결과를 측정했는데

벨 부등식과 같은 결과가 나오면

좌변이 우변보다 크거나 같으면

숨은변수이론이 옳고,

쉽지는 않아. 그래서 벨도 쉽게 설명하기 위해 '베르틀만의 양말'로 논문을 시작해.

응? 양말?

29화 끝

30화
베르틀만의 양말

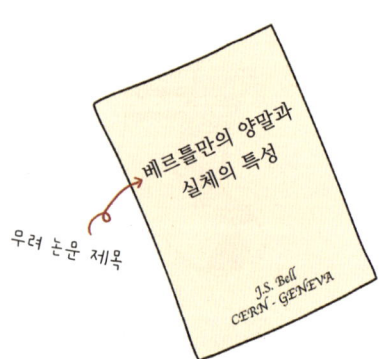

무려 논문 제목

라인홀트 베르틀만
오스트리아 출신 물리학자.

존 스튜어트 벨의 동료 과학자,
라인홀트 베르틀만 박사는

패션 감각이 남달라, 왼발과 오른발에
서로 색이 다른 양말을 신는다.

어느 날 어느 발에 무슨 색 양말을
신을지 누구도 예측할 수 없다.
심지어
자신도!

만약 한쪽 발을 확인했는데
분홍색 양말을 신고 있다면

다른 쪽은 분홍색이
아닌 게 분명하다.

베르틀만의 취향을 알기에,

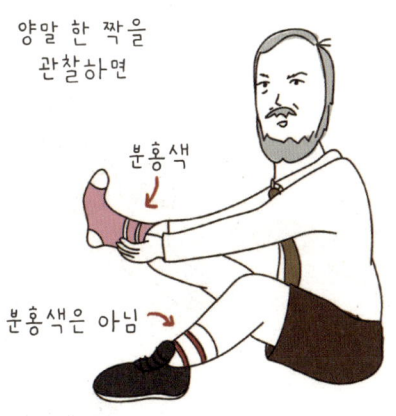

나머지 한 짝의 색 정보를
즉각 얻을 수 있다.

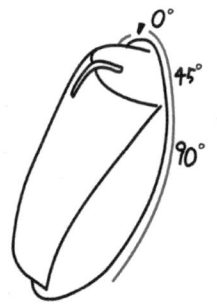

0도, 45도, 90도 각각의 온도에서
세탁해도 괜찮은지, 아니면 망가지는지.

1) 온도 0도에서 말짱하지만,
   온도 45도에서 망가지는 경우

2) 온도 45도에서 말짱하지만,
   온도 90도에서 망가지는 경우

두 개의 합은

3) 온도 0도에서 말짱하지만,
   온도 90도에서 망가지는 경우의 합보다

크거나 같다.

이를 벤다이어그램으로 그려보면

1

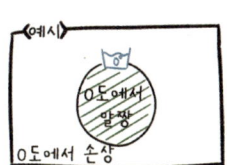

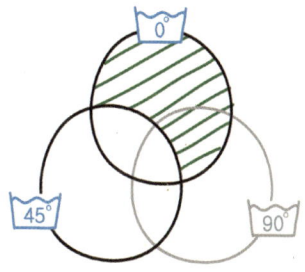

온도 0도에서 말짱하지만,
온도 45도에서 망가지는 경우

2

온도 45도에서 말짱하지만,
온도 90도에서 망가지는 경우는

3

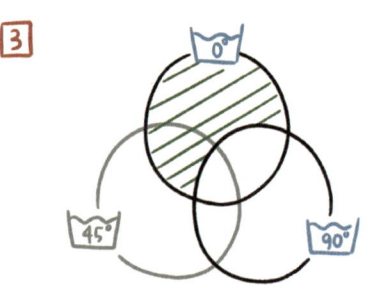

온도 0도에서 말짱하지만
온도 90도에 망가지는 경우

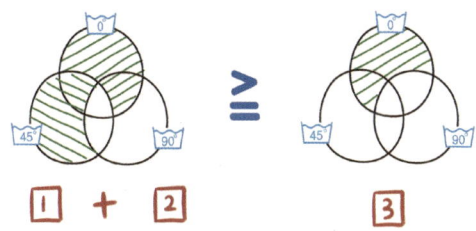

벤다이어그램으로 보듯
①과 ②의 합은
③보다 크거나 같다.

얽힌 두 전자의 스핀은 반대 방향이며
N극과 S극으로 이루어진 자석으로
스핀을 측정할 수 있다.

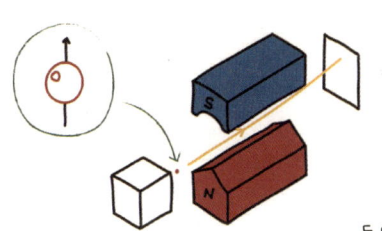

측정 장치를
동일하게 설치하면
하나는 스핀-업,

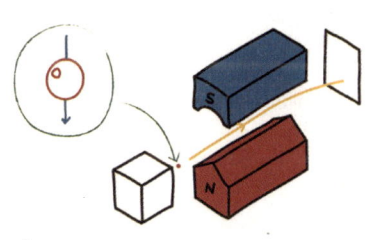

다른 하나는
스핀-다운이 나온다.

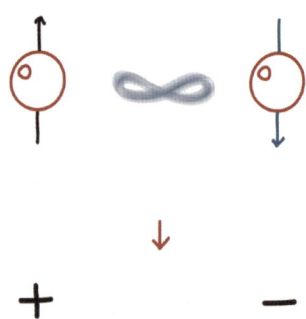

스핀-업을 '+'로 표시하고
스핀-다운을 '-'로 표시하자.

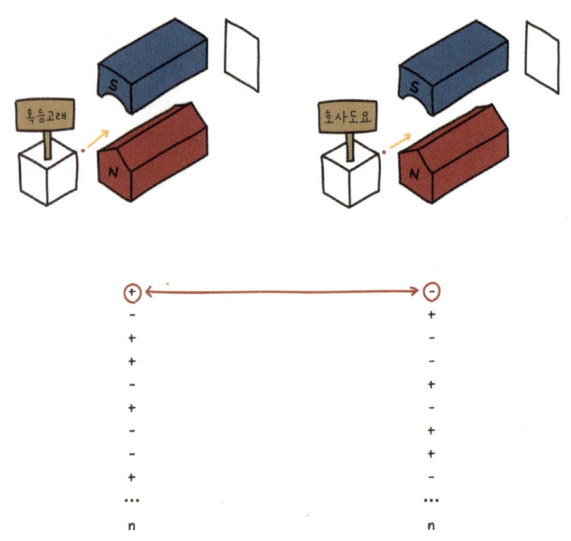

여기에서 재밌는
상상을 하나 해보자.

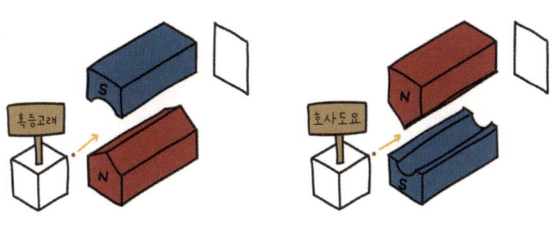

혹등고래 쪽 측정 장치는 그대로 두고,
호사도요 쪽 측정 장치만 돌린다면

+　　　?
-　　　?
+　　　?
+　　　?
-　　　?
-　　　?
+　　　?
+　　　?
-　　　?
-　　　?
+　　　?
...　　?
n　　　?

어떤 일이 벌어질까?

30화 끝

31화
혹등고래와 호사도요

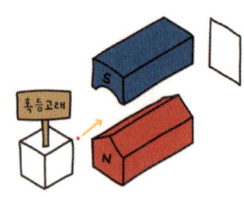 

호사도요 쪽 측정 장치를
반대로(180도) 돌려보자.

```
+            +
-            -
+            +
+            +
-            -
-            -
+            +
-            -
-            -
+            +
...          ...
n            n
```

혹등고래 쪽에서
스핀-업이 나오면

호사도요 쪽에서는
스핀-다운이
나와야 하는데

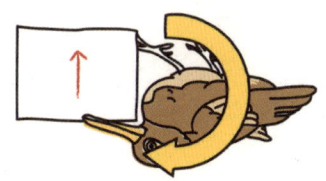

호사도요 쪽 측정 장치를 180도
돌렸기 때문에 호사도요 쪽에서도
스핀-업이 나온다.

혹등고래 쪽이
스핀-다운이면

호사도요 쪽도
스핀-다운이다.

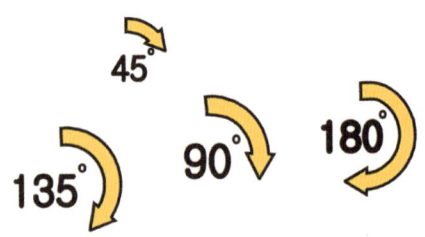

측정 장치를 180도가 아닌
다른 각도로 돌려볼까?

각도 0°

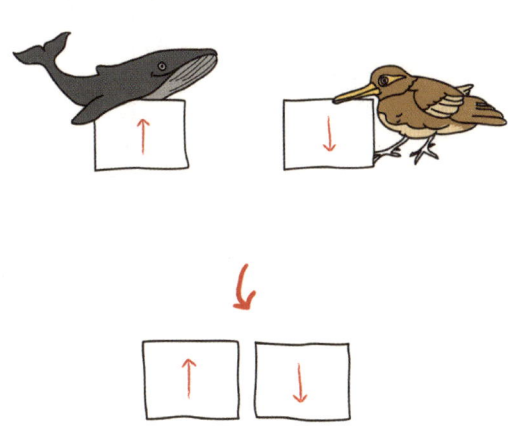

각도 45°

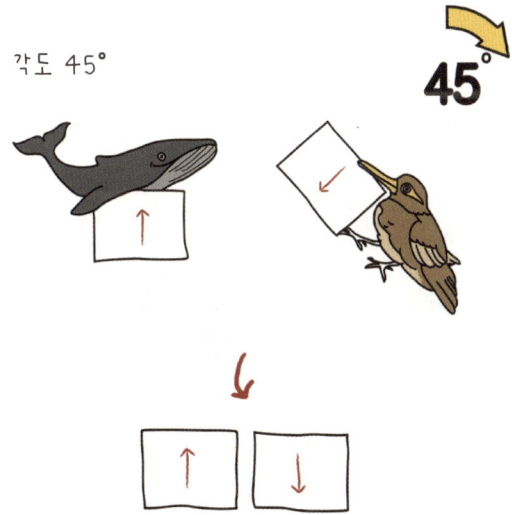

각도 90°

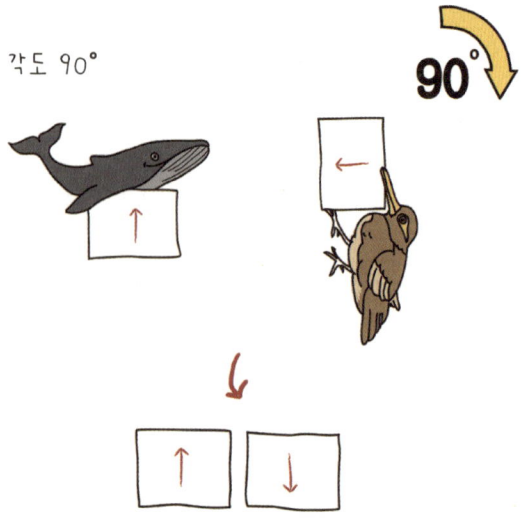

각도 135°

측정 장치를 돌리기 전에는
혹등고래 쪽 스핀과 호사도요 쪽 스핀이
같을 가능성은 0%다.

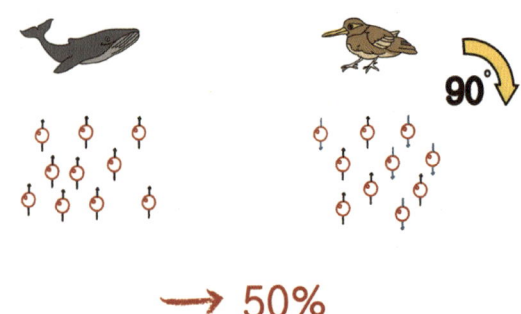

→ 50%

호사도요 쪽 측정 장치를 돌릴수록
같을 가능성이 조금씩 늘어
90도 돌리면 50%가 되고,

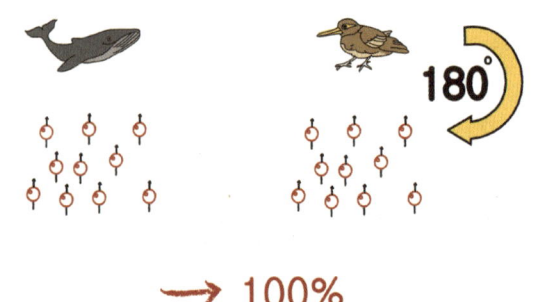

→ 100%

180도 돌리면 100%가 된다.

이를 그래프로 그리면
이렇게 된다.

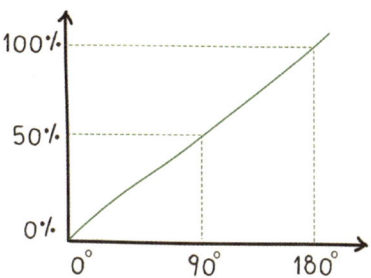

숨은변수이론이 예상하는 값이다.

앞서 베르틀만의 양말 예시를
적용하자면,

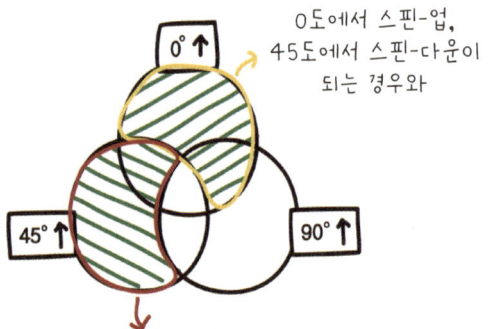

0도에서 스핀-업,
45도에서 스핀-다운이
되는 경우와

45도에서 스핀-업,
90도에서 스핀-다운이 되는
경우의 합은

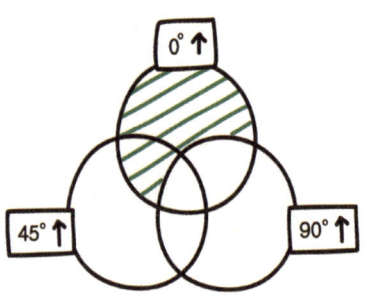

0도에서 스핀-업,
90도에서 스핀-다운이 되는
경우보다 크거나 같다.

우리의 상식으로는 당연해 보이는 결과이지만 코펜하겐 해석을 따르는 양자역학은 이와 다르다.

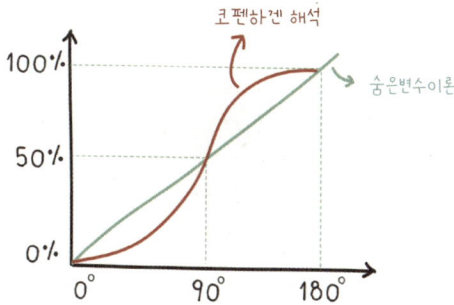

0도, 90도, 180도에서 확률이 같지만, 다른 각도에서는 확률이 달라진다.

코펜하겐 해석에서는 확률이 $\frac{1}{2}\sin^2(\frac{\varphi}{2})$와 같은 식으로 나온다.

벨 부등식에 넣으면 다음과 같다.

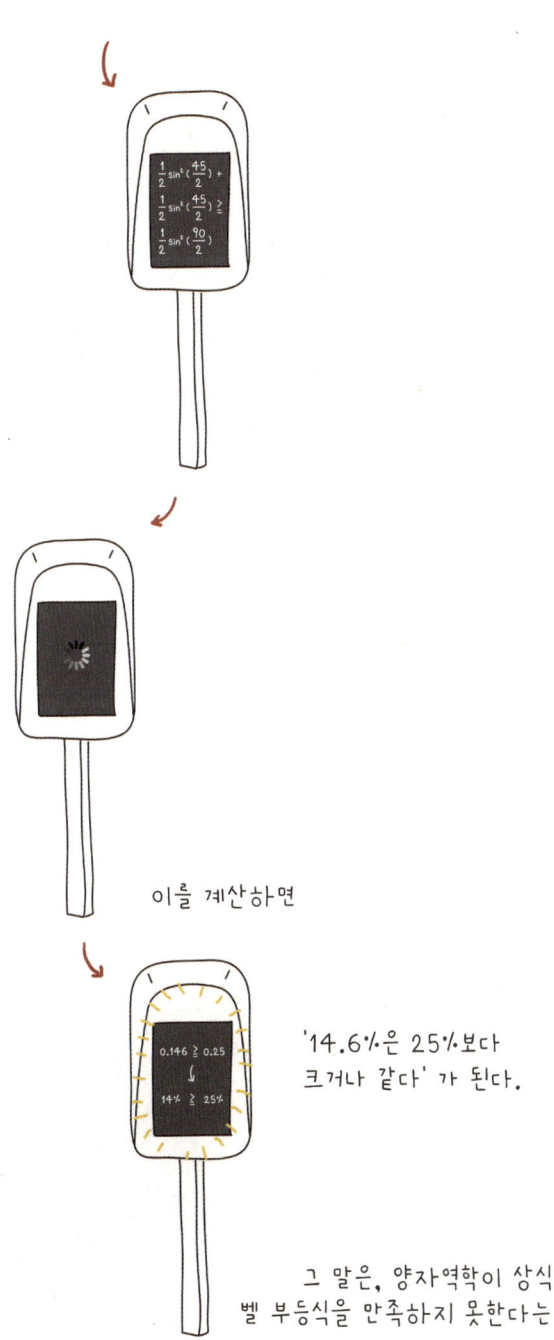

이를 계산하면

'14.6%은 25%보다 크거나 같다'가 된다.

그 말은, 양자역학이 상식적인 벨 부등식을 만족하지 못한다는 뜻.

"전에 이야기한 거 기억나?
벨 부등식을 만족하면
숨은변수이론이 옳고
벨 부등식에 위배되면
코펜하겐 해석이
옳다고 했던 거."

참 쉽죠?
내가 할 일은 끝났습니다.
이제 실험만 하면 됩니다.

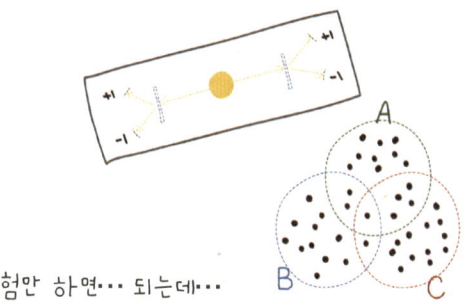

실험만 하면... 되는데...

18년이 지난
1982년에야 처음으로
실험이 성공한다.

31화 끝

32화
알랭 아스페

벨 부등식이 나온 이후
이를 증명하기 위해
여러 차례 실험이 이루어졌다.

1972년 미국 버클리 대학교
클로저와 프리드먼의 첫 실험을 비롯해
1977년까지 아홉 차례 측정이
이루어졌지만 정확도가 떨어졌다.

보다 확실한 결과는 1982년,
프랑스 물리학자 알랭 아스페가 얻었다.

아스페는 1970년대 벨 부등식에
관심을 갖기 시작해 몇 년에 걸쳐
이를 실험할 방법을 구상했다.

그는 스핀 대신 광자에 있는
'편광'이라는 성질을 이용했다.

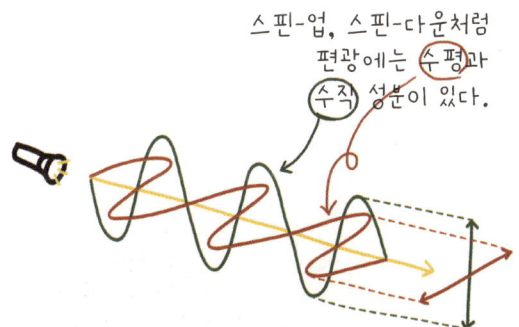

칼슘 원자에
에너지를 주면

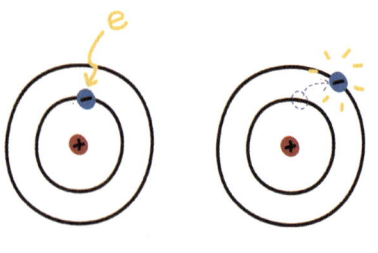

전자가 바닥상태에서
에너지가 더 높은
바깥 궤도로 도약했다가

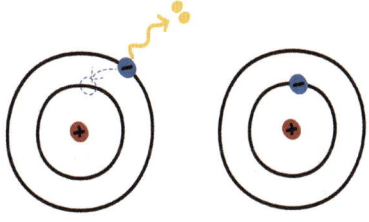

다시 바닥상태로 돌아오며
얽힌 광자 한 쌍을 방출한다.

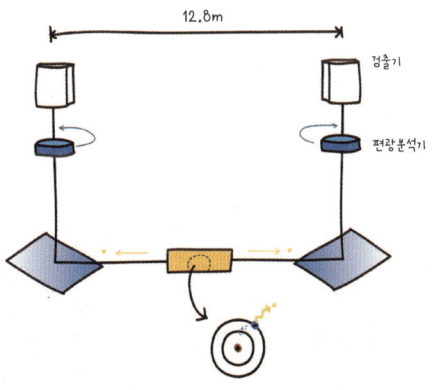

아스페는 12.8미터 떨어진 곳에
두 측정 장치를 두고
중간에 있는 칼슘 원자에서 얽힌 두 광자를
양쪽으로 방출한 다음,

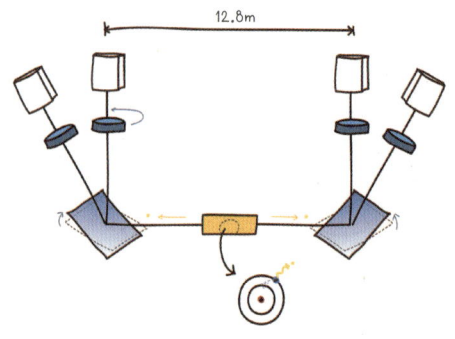

두 장치를 4가지 각도로 돌려가며
도착하는 광자를 측정했다.

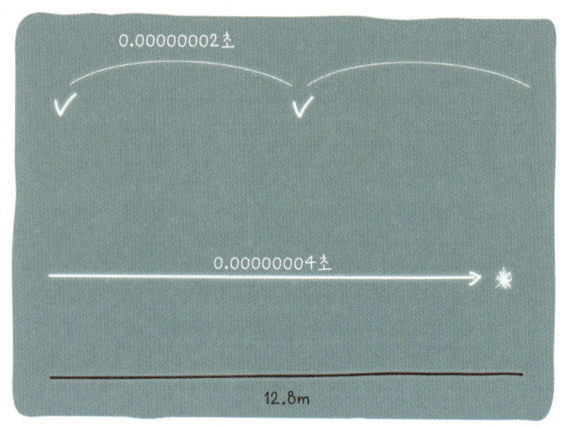

5000만분의 1초
0.00000002초마다 측정하는데,
이는 빛이 12.8미터를 이동하는 데
걸리는 시간보다 빠르다.
0.00000004초
= 5000만분의 2초

측정 결과 벨 부등식이 성립하지 않았다.

아스페의 실험도 완벽한 실험은
아니었기에 실험은 계속 이어지고 있다.

1998년에는
제네바 대학교
연구팀이

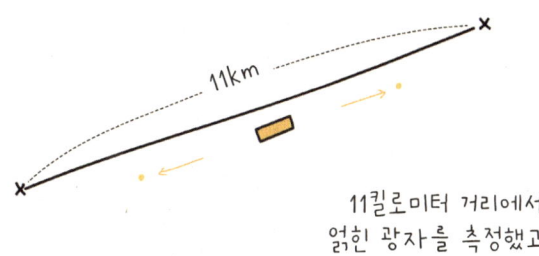

11킬로미터 거리에서
얽힌 광자를 측정했고

C₆₀ 풀러렌으로
이중슬릿 실험한
아저씨

2010년에는 안톤 차일링거가
144킬로미터 떨어진 두 도시에서
얽힌 광자를 관측했다.

2015년에도 또 뉴스가 나왔다.

32화 끝

33화
우주란 무엇인가:
실체가 없거나 비국소적이거나

아직까지 결점 없는 실험은 없다.

로널드 핸슨 교수의 실험은
세 가지 큰 빈틈 가운데 두 가지를
막았지만 여전히 하나는 남았다.

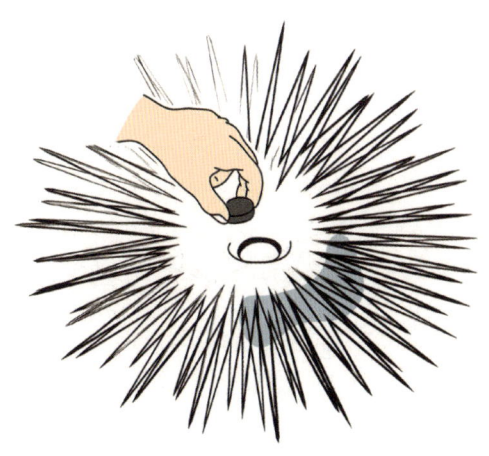

마지막 빈틈까지 막은 완벽한 실험이
앞으로 또 있을 것이다.

물리학자 대부분은
지금까지 실험 결과에 따라
벨 부등식이 성립하지 않고
코펜하겐 해석이 옳다고 인정한다.

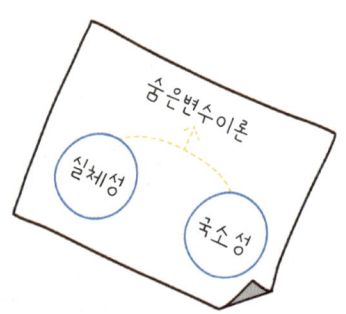

숨은변수이론에는
두 가지 전제가 있었다.

실체성

관찰자와 관계 없는 실체가 존재하고

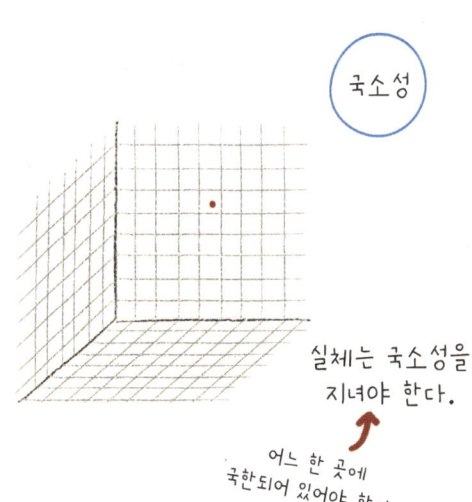

국소성

실체는 국소성을 지녀야 한다.

어느 한 곳에 국한되어 있어야 한다.

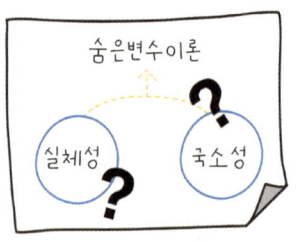

숨은변수이론이 틀렸다는 건
두 가지 전제 중 최소한
하나는 틀렸다는 의미다.

우주는
실체가
없거나

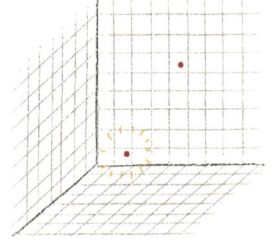

국소적이지
않다.
↑ 한 곳에
국한되어 있지 않다.

어떤 사람은
우주에 실체가 없다고 생각하고

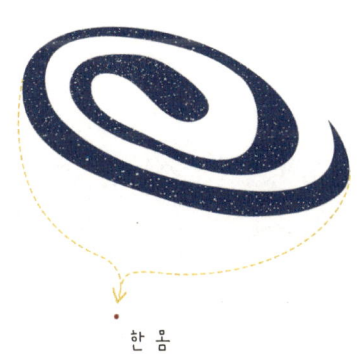

어떤 사람은 우주가 비국소적이라 여긴다.
공간이 아무리 멀리 떨어져 있어도
'하나의 실체'라는 것이다.

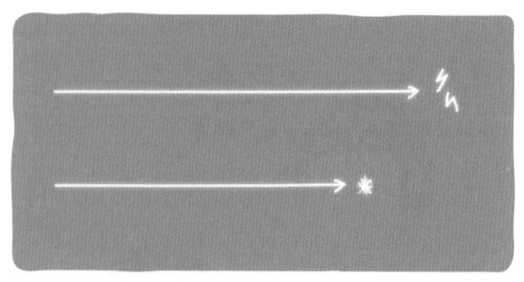

빛보다 빠른 속도로 정보가 전달된다는 주장도
있을 수 있지만 그러려면 상대성이론을 넘어서야 한다.

"내 이론이 틀렸다고?!"

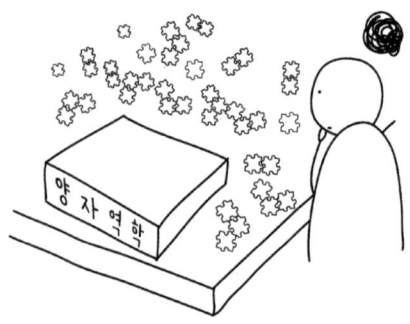

양자역학은 아직 완성되지 않았다.
짜 맞추지 못한 퍼즐 조각들이 흩어져 있다.

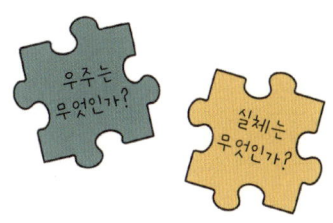

1990년 뇌종양으로
숨을 거두며 벨은 말했다.
↑ 향년 62세

"양자역학은 임시 처방이다.
더 나은 이론으로
대체되어야 한다."

과학
역사에서는
보잘것없어
하찮게 여긴 문제가
과학혁명을
일으켜

패러다임을 바꾼 경우가
더러 있다.

어쩌면

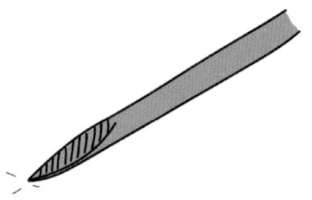

양자역학의 남은 사소한(?) 문제가
물리학을 뿌리째 뒤흔들지 모른다.

아인슈타인도

보어도

슈뢰딩거도

하이젠베르크도

파울리도

봄도

벨도

차일링거도

예측하지 못한 세계를
우리는 알게 될지 모른다.

"나 아직
살아 있는데."

양자역학 끝.

아무튼,
33화 끝

Scienstagram

 보어

♥ 좋아요 2,150개

보어 오오! 상보성 원리를 국기에 그려넣을 생각을 하다니
#양자역학_돋는_이나라_무엇 #뭐라고_마무리해야할지_모르겠어서_여기까지만쓴다

하이젠베르크 오오! 선생님이 주역에 빠지셔서 만든 가문의 문장이랑 비슷하네요
#이정도면팬심인정하십니까

↳ 보어 흐흐 이거? #ㅇㅇㅈ

파울리 자네 정말 못말리겠군
#양자덕후보어

폴 디랙 그렇게 문장을 끝낼 줄 모르면 시작하지 말라고 하지 않았나
#ㅉㅉㅉ

에필로그

양자역학으로 계산하면
우주는 오차 없이
정확히 맞아 떨어지는데

양자가 입자이면서
파동함수를 가진다는 게

무슨 의미인지,

관측을 하면
왜 파동함수가 붕괴하는지

우리가 사는 우주는
우리가 이해하는 우주와
너무 다르다.

우리의 이해를 벗어난 우주

아직
아무도 의미를 알지 못한다.

이해하지 못하는
인간만 답답할 뿐

우주는 그냥 있다.

아날로그
사이언스
만화로 읽는 양자역학

© 2019 윤진, 이솔

1판 1쇄 2019년 1월 21일
1판 4쇄 2025년 1월 2일

지은이　윤진
그린이　이솔
감수　　최준곤
펴낸이　김정순
편집　　허영수 장준오
디자인　김진영 모희정
마케팅　이보민 양혜림 손아영

펴낸곳　　(주)북하우스 퍼블리셔스
출판등록　1997년 9월 23일 제406-2003-055호
주소　　　04043 서울시 마포구 양화로 12길 16-9(서교동 북앤빌딩)
전자우편　henamu@hotmail.com
홈페이지　www.bookhouse.co.kr
전화번호　02-3144-3123
팩스　　　02-3144-3121

ISBN 978-89-5605-989-1 04400
　　　978-89-5605-960-0 (세트)